高等职业技术院校园林工程技术专业任务驱动型教材

园林工程预算

（第2版）

人力资源社会保障部教材办公室 组织编写

徐云和 / 主编

中国劳动社会保障出版社

简介

本教材采用“任务驱动”的编写模式，结合最新的园林工程量计算规范和营改增计税方式，介绍了园林工程预算基础知识、定额计价法编制园林工程施工图预算、工程量清单计价法编制园林工程施工图预算以及园林工程竣工结算编制。教材以工程实例为载体，以具体任务为对象，将理论和工程预算实例紧密结合。教材可作为高等职业技术院校园林相关专业教材，也可作为从事园林工作人员的参考书、自学用书。

本教材由徐云和任主编，唐晓棠任副主编，王树全、谭洋、曹冰、王颖、迟颖、徐磊参加编写。郑伟审稿。

图书在版编目（CIP）数据

园林工程预算 / 徐云和主编. —2版. —北京：中国劳动社会保障出版社，2017
高等职业技术院校园林工程技术专业任务驱动型教材
ISBN 978-7-5167-3170-3

Ⅰ.①园…　Ⅱ.①徐…　Ⅲ.①园林-建筑预算定额-高等职业教育-教材
Ⅳ.①TU986.3

中国版本图书馆CIP数据核字（2017）第251376号

中国劳动社会保障出版社出版发行
（北京市惠新东街1号　邮政编码：100029）
*
北京市艺辉印刷有限公司印刷装订　　新华书店经销
787毫米×1092毫米　16开本　13.75印张　262千字
2017年10月第2版　　2021年 6 月第3次印刷
定价：27.00元

读者服务部电话：（010）64929211/84209101/64921644
营销中心电话：（010）64962347
出版社网址：http://www.class.com.cn
http://jg.class.com.cn

前　言

高等职业技术院校园林工程技术专业任务驱动型教材自出版以来，在学校的教学中发挥了重要作用。近年来，园林行业发展迅速，企业对从业人员的知识水平和职业能力也提出了更高的要求。为了适应这一变化，满足学校培养人才的需求，我们组织了一批教学经验丰富、实践能力强的教师与行业、企业专家，在充分调研的基础上，对现有教材进行了修订。

在内容上，新版教材仍然坚持以培养学生的四大能力，即园林工程施工技术能力、园林工程施工组织管理能力、园林测绘与设计能力、园林植物栽培养护及应用能力为目标，根据园林行业的现状和发展趋势以及企业的岗位需求，调整、更新了相关教材的结构和内容，体现行业新理念、新标准、新技术和新方法；根据教学需要增加了大量来源于园林工程实际的案例、实训和例题，以引导学生运用所学知识分析和解决实际问题。另外，为了更方便教学，此次修订将《园林花卉栽培与养护》分为《园林花卉》和《园林花卉识别》,《园林花卉》侧重于园林花卉的分类、习性、栽培养护及繁殖方法等,《园林花卉识别》侧重于园林花卉的形态特征与园林用途。

在表现形式上，新版教材充分考虑到学生的认知规律，通过设置“小知识”“技能提示”“知识链接”等不同栏目，增加教材的亲和力，激发学生的学习兴趣。同时，尽可能多地以图表代替冗长的文字叙述，使教材更加生动直观，易于学习。

本套教材的编写得到了有关省市人力资源和社会保障部门及一批高等职业技术院校的大力支持，教材的编审人员做了大量的工作，在此，我们表示诚挚的谢意！同时，恳切希望广大读者对教材提出宝贵的意见和建议。

人力资源社会保障部教材办公室

目 录

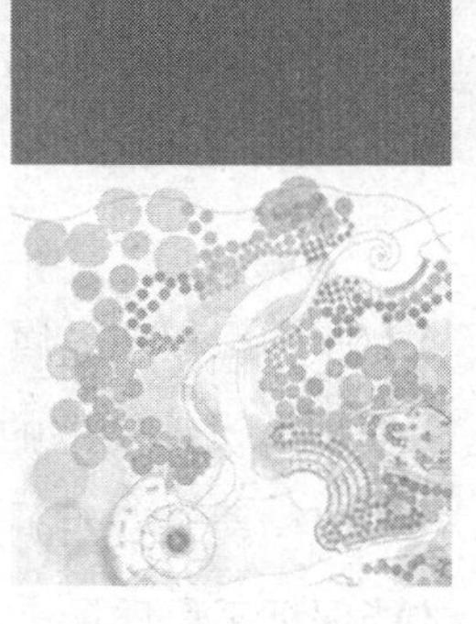

模块一

园林工程预算基础知识

课题

园林工程预算基础知识

任务目标

◇掌握园林工程预算的概念和分类

◇掌握园林工程预算书的组成

任务提出

根据图 1—1 所示某小游园园林工程的工程预算编制实例（本实例以增值税形式为模板），掌握园林工程预算的概念和分类以及完整的园林工程预算书的组成。

图 1—1　某小游园园林工程设计效果图

任务分析

根据图 1—1 所示某小游园园林工程的工程预算编制实例（见表 1—1 至表 1—10），可以看出要建造该小游园，在开工前必须计算出该工程所需的人工费、材料费、机械费等费用。这些费用统称为工程造价，工程造价计算的过程就是园林工程预算。

园林工程产品属于艺术范畴，不能用简单、统一的价格对园林景观进行精确的核算，必须根据设计文件的要求、园林景观的特点，事先对园林工程从经济上（人工费、材料费、机械费等费用）加以计算，从而获得合理的工程造价，以便进行正常的施工与管理，才能保证工程质量。通过课题了解和掌握一套完整的园林工程预算的组成。现以某小游园园林工程预算编制为例进行介绍。

表 1—1　　某小游园园林工程预算编制实例（定额计价）

封面（可根据实际要求调整）

工程预算书

建设单位：________________

工程名称：小游园园林工程

施工单位：________________

工程造价：（小写）95 803 元

（大写）玖万伍仟捌佰零叁元整

负责人：________________

编制人：________________

编制时间：____年____月____日

表 1—2　　编制说明

一、编制依据

1. 设计施工图及有关说明。

2. 采用现行的标准图集、规范、工艺标准、材料做法。

3. 使用现行的定额、单位估价表、材料价格及有关的补充说明解释等。

4. 根据现场施工条件、实际情况。

二、（地区 / 专业）工程竣工调价系数（　　）。

三、补充单位估价项目（　　）项，换算定额单价（　　）项。

四、暂估单位（　　）项。

五、工程概况：

六、设备及主要材料来源：

七、其他：施工时发生图纸变更或赔偿双方协商解决。

表 1—3　　单位工程费用汇总表

工程名称：小游园园林工程　　　　第 1 页　共 1 页

序号	费用名称	取费说明	费率	费用金额（元）
1	绿化工程			16 821.21
2	仿古建筑工程			1 569.2
3	园林建筑工程			63 220.79
4	人工土石方（园林）			14 191.93
5	工程造价			95 803.13

表 1—4　　单位工程费用表（一）

工程名称：小游园园林工程　　专业：绿化工程　　第 1 页　共 4 页

行号	序号	费用名称	取费说明	费率（%）	费用金额（元）
1	一	人工费	人工费		3 787.49
2	二	材料费	材料费 ×0.898 9		8 087.99
3	2.1	主材费	主材费 ×0.898 9		5 348.46
4	2.2	设备费	设备费 ×0.898 9		2 739.53
5	三	机械费	机械费 ×0.902 6		622.01
6	四	企业管理费	人工费 × 费率	20.25	766.97
7	五	措施项目费	1+2+3+4+5+6+7+8+9		206.03
8	1	安全文明施工费	人工费 × 费率	4.48	169.68
9	2	夜间施工增加费	每人每个夜班增加 60 元		
10	3	非夜间施工增加费	按地下（暗）室建筑面积每平方米 20 元计取		
11	4	二次搬运费	人工费 × 费率	0.3	11.36
12	5	冬季施工增加费	按冬季施工期间完成人工费的 150% 计取	150	
13	6	雨季施工增加费	人工费 × 费率	0.38	14.39
14	7	地上、地下设施、建筑物的临时保护设施费	按规定计取		
15	8	已完工程保护费（含越冬维护费）	根据工程实际情况编制费用预算		
16	9	工程定位复测费	人工费 × 费率	0.28	10.6
17	六	规费	1+2+3+4+5		536.68
18	1	社会保险费	（1）+（2）+（3）		491.24
19	（1）	养老保险费、失业保险费、医疗保险费、住房公积金	人工费 × 费率	11.94	452.23
20	（2）	生育保险费	人工费 × 费率	0.42	15.91
21	（3）	工伤保险费	人工费 × 费率	0.61	23.1
22	2	工程排污费	人工费 × 费率	0.3	11.36
23	3	防洪基础设施建设资金、副食品价格调节基金	税前工程造价	0.105	15.9
24	4	残疾人就业保障金	人工费 × 费率	0.48	18.18
25	5	其他规费			
26	七	利润	人工费 × 费率	16	606

续表

行号	序号	费用名称	取费说明	费率（%）	费用金额（元）
27	八	价差（包括人工、材料、机械）	（一）+（二）+（三）+（四）		541.07
28	1	人工费价差	人工价差		541.07
29	2	材料费价差	材料价差 ×0.898 9		
30	3	机械费价差	机械价差 ×0.902 6		
31	4	机械费调整	（机械费预算价－不取费子目机械费预算价）×（调整系数－1）×0.902 6		
32	九	其他项目费	按规定计取		
33	十	估价项目、现场签证及索赔	不取费子目		
34	十一	优质优价增加费	税前工程造价 × 费率		
35	十二	税金	（一＋二＋三＋四＋五＋六＋七＋八＋九＋十＋十一）× 费率	11	1 666.97
36	十三	含税工程造价	一＋二＋三＋四＋五＋六＋七＋八＋九＋十＋十一＋十二		16 821.21

单位工程费用表（二）

工程名称：小游园园林工程　　专业：仿古建筑工程　　第 2 页　共 4 页

行号	序号	费用名称	取费说明	费率（%）	费用金额（元）
1	一	人工费	人工费		608.91
2	二	材料费	材料费 ×0.887 5		400.76
3	2.1	主材费	主材费 ×0.887 5		
4	2.2	设备费	设备费 ×0.887 5		
5	三	机械费	机械费 ×0.907		24.84
6	四	企业管理费	（人工费＋施工机具费）× 费率	10.66	67.56
7	五	措施项目费	1+2+3+4+5+6+7+8+9		52.88
8	1	安全文明施工费	（人工费＋施工机具费）× 费率	6.86	43.48
9	2	夜间施工增加费	每人每个夜班增加 60 元		
10	3	非夜间施工增加费	按地下（暗）室建筑面积每平方米 20 元计取		
11	4	二次搬运费	人工费 × 费率	0.3	1.83
12	5	冬季施工增加费	按冬季施工期间完成人工费的 150% 计取	150	

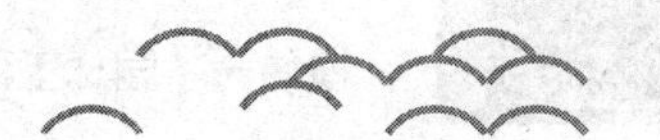

续表

行号	序号	费用名称	取费说明	费率（%）	费用金额（元）
13	6	雨季施工增加费	人工费 × 费率	0.38	2.31
14	7	地上、地下设施、建筑物的临时保护设施费	按规定计取		
15	8	已完工程保护费（含越冬维护费）	根据工程实际情况编制费用预算		
16	9	工程定位复测费	（人工费＋施工机具费）× 费率	0.83	5.26
17	六	规费	1+2+3+4+5		85.2
18	1	社会保险费	（1）＋（2）＋（3）		78.97
19	（1）	养老保险费、失业保险费、医疗保险费、住房公积金	人工费 × 费率	11.94	72.7
20	（2）	生育保险费	人工费 × 费率	0.42	2.56
21	（3）	工伤保险费	人工费 × 费率	0.61	3.71
22	2	工程排污费	人工费 × 费率	0.3	1.83
23	3	防洪基础设施建设资金、副食品价格调节基金	税前工程造价	0.105	1.48
24	4	残疾人就业保障金	人工费 × 费率	0.48	2.92
25	5	其他规费			
26	七	利润	人工费 × 费率	16	97.43
27	八	价差（包括人工、材料、机械）	（一）＋（二）＋（三）＋（四）		76.11
28	1	人工费价差	人工价差		76.11
29	2	材料费价差	材料价差 ×0.887 5		
30	3	机械费价差	机械价差 ×0.907		
31	4	机械费调整	（机械费预算价－不取费子目机械费预算价）×（调整系数 -1）×0.907		
32	九	其他项目费	按规定计取		
33	十	估价项目、现场签证及索赔	不取费子目		
34	十一	优质优价增加费	税前工程造价 × 费率		
35	十二	税金	（一＋二＋三＋四＋五＋六＋七＋八＋九＋十＋十一）× 费率	11	155.51
36	十三	含税工程造价	一＋二＋三＋四＋五＋六＋七＋八＋九＋十＋十一＋十二		1 569.2

单位工程费用表（三）

工程名称：小游园园林工程　　专业：园林建筑工程　　第 3 页　共 4 页

行号	序号	费用名称	取费说明	费率（%）	费用金额（元）
1	一	人工费	人工费		10 920.63
2	二	材料费	材料费 ×0.887 5		45 763.04
3	2.1	主材费	主材费 ×0.887 5		
4	2.2	设备费	设备费 ×0.887 5		
5	三	机械费	机械费 ×0.907		862.2
6	四	企业管理费	（人工费 + 施工机具费）× 费率	10.71	1 261.94
7	五	措施项目费	1+2+3+4+5+6+7+8+9		861.35
8	1	安全文明施工费	（人工费 + 施工机具费）× 费率	5.97	703.43
9	2	夜间施工增加费	每人每个夜班增加 60 元		
10	3	非夜间施工增加费	按地下（暗）室建筑面积每平方米 20 元计取		
11	4	二次搬运费	人工费 × 费率	0.3	32.76
12	5	冬季施工增加费	按冬季施工期间完成人工费的 150% 计取	150	
13	6	雨季施工增加费	人工费 × 费率	0.38	41.5
14	7	地上、地下设施、建筑物的临时保护设施费	按规定计取		
15	8	已完工程保护费（含越冬维护费）	根据工程实际情况编制费用预算		
16	9	工程定位复测费	（人工费 + 施工机具费）× 费率	0.71	83.66
17	六	规费	1+2+3+4+5		1 561.33
18	1	社会保险费	（1）+（2）+（3）		1 416.41
19	（1）	养老保险费、失业保险费、医疗保险费、住房公积金	人工费 × 费率	11.94	1 303.92
20	（2）	生育保险费	人工费 × 费率	0.42	45.87
21	（3）	工伤保险费	人工费 × 费率	0.61	66.62
22	2	工程排污费	人工费 × 费率	0.3	32.76
23	3	防洪基础设施建设资金、副食品价格调节基金	税前工程造价	0.105	59.74
24	4	残疾人就业保障金	人工费 × 费率	0.48	52.42
25	5	其他规费			
26	七	利润	人工费 × 费率	16	1 747.3

续表

行号	序号	费用名称	取费说明	费率（%）	费用金额（元）
27	八	价差（包括人工、材料、机械）	（一）+（二）+（三）+（四）		-6 022.12
28	1	人工费价差	人工价差		1 560.09
29	2	材料费价差	材料价差 ×0.887 5		-7 582.21
30	3	机械费价差	机械价差 ×0.907		
31	4	机械费调整	（机械费预算价 - 不取费子目机械费预算价）×（调整系数 -1）×0.907		
32	九	其他项目费	按规定计取		
33	十	估价项目、现场签证及索赔	不取费子目		
34	十一	优质优价增加费	税前工程造价 × 费率		
35	十二	税金	（一 + 二 + 三 + 四 + 五 + 六 + 七 + 八 + 九 + 十 + 十一）× 费率	11	6 265.12
36	十三	含税工程造价	一 + 二 + 三 + 四 + 五 + 六 + 七 + 八 + 九 + 十 + 十一 + 十二		63 220.79

单位工程费用表（四）

工程名称：小游园园林工程　　专业：人工土石方（园林）　　第 4 页　共 4 页

行号	序号	费用名称	取费说明	费率（%）	费用金额（元）
1	一	人工费	人工费		6 174.96
2	二	材料费	材料费		2 625
3	2.1	主材费	主材费		2 625
4	2.2	设备费	设备费		
5	三	机械费	机械费		9.38
6	四	企业管理费	人工费 × 费率	12.22	754.58
7	五	措施项目费	1+2+3+4+5+6+7+8+9		489.05
8	1	安全文明施工费	人工费 × 费率	5.73	353.83
9	2	夜间施工增加费	每人每个夜班增加 60 元		
10	3	非夜间施工增加费	按地下（暗）室建筑面积每平方米 20 元计取		
11	4	二次搬运费	人工费 × 费率	0.3	18.52
12	5	冬季施工增加费	按冬季施工期间完成人工费的 150% 计取	150	

续表

行号	序号	费用名称	取费说明	费率（%）	费用金额（元）
13	6	雨季施工增加费	人工费 × 费率	0.38	23.46
14	7	地上、地下设施、建筑物的临时保护设施费	按规定计取		
15	8	已完工程保护费（含越冬维护费）	根据工程实际情况编制费用预算		
16	9	工程定位复测费	人工费 × 费率	1.51	93.24
17	六	规费	1+2+3+4+5		862.46
18	1	社会保险费	（1）+（2）+（3）		800.89
19	（1）	养老保险费、失业保险费、医疗保险费、住房公积金	人工费 × 费率	11.94	737.29
20	（2）	生育保险费	人工费 × 费率	0.42	25.93
21	（3）	工伤保险费	人工费 × 费率	0.61	37.67
22	2	工程排污费	人工费 × 费率	0.3	18.52
23	3	防洪基础设施建设资金、副食品价格调节基金	税前工程造价	0.105	13.41
24	4	残疾人就业保障金	人工费 × 费率	0.48	29.64
25	5	其他规费			
26	七	利润	人工费 × 费率	16	987.99
27	八	价差（包括人工、材料、机械）	（一）+（二）+（三）+（四）		882.1
28	1	人工费价差	人工价差		882.1
29	2	材料费价差	材料价差		
30	3	机械费价差	机械价差		
31	4	机械费调整	（机械费预算价 − 不取费子目机械费预算价）×（调整系数 −1）		
32	九	其他项目费	按规定计取		
33	十	估价项目、现场签证及索赔	不取费子目		
34	十一	优质优价增加费	税前工程造价 × 费率		
35	十二	税金	（一＋二＋三＋四＋五＋六＋七＋八＋九＋十＋十一）× 费率	11	1 406.41
36	十三	含税工程造价	一＋二＋三＋四＋五＋六＋七＋八＋九＋十＋十一＋十二		14 191.93

表 1—5　　单位工程预算书

工程名称：小游园园林工程　　第 1 页　共 3 页

序号	定额编号	子目名称	工程量		造价（元）		其中（元）		
			单位	数量	单价	合价	人工费	材料费	机械费
	0102	一、绿地整理				4 424.35	4 424.35		
1	E1-0024	整理绿化用地	m^2	450	3.78	1 701	1 701		
2	E1-0127	草坪、花卉客土　厚度 0.3 cm	10 m^2	35	77.81	2 723.35	2 723.35		
主材	E551003 @1	土	m^3	105	25	2 625			
	0103	二、栽植花木				7 524.29	3 787.49	3 047.65	1 689.15
		1. 栽植山杏				191.86	121.78	33.58	36.5
1	E1-0153	普坚土种植山杏　土球苗土　球径 100× 深 80 cm	株	1	137.38	137.38	75.81	27.05	34.52
主材	补充主材 002@1	山杏胸径 *D*=12 cm 土球直径 100 cm	株	1	550	550			
2	E1-0351 ×2	后期养护　乔木及果树子目 ×2	10 株	0.1	544.78	54.48	45.97	6.53	1.98
		2. 栽植国槐				110.72	84.82	23.92	
1	E1-0130	普坚土种植国槐　裸根乔木　胸径 10 cm 以内	株	1	56.24	56.24	38.85	17.39	
主材	补充主材 003@1	国槐　胸径 *D*=10 cm	株	1	450	450			
2	E1-0351 ×2	后期养护　乔木及果树子目 ×2	10 株	0.1	544.78	54.48	45.97	6.53	1.98
		3. 栽植王族海棠				2 346.31	351.81	1 929.3	65.2
1	E1-0151	普坚土种植王族海棠　土球苗土　球径 70× 深 50 cm	株	3	58.88	176.64	92.94	67.14	16.56
主材	补充主材 004@1	王族海棠胸径 *D*=8 cm 土球直径 60 cm	株	3	240	720			
2	E1-0351 ×2	后期养护　乔木及果树子目 ×2	10 株	0.3	544.78	163.43	137.91	19.6	5.92
3	E1-0986	树木木制支架　三角支架	株	16	125.39	2 006.24	120.96	1 842.56	42.72
		4. 栽植小桃红				140.17	119.39	16.55	4.23
1	E1-0135	普坚土种植小桃红　裸根灌木　高度 1.5 m 以内	株	3	10.56	31.68	22.68	9	

续表

序号	定额编号	子目名称	工程量		造价（元）		其中（元）		
			单位	数量	单价	合价	人工费	材料费	机械费
主材	补充主材002	小桃红冠幅 W=100 cm	株	3	50	150			
2	E1-0352×2	后期养护　灌木　子目×2	10 株	0.3	361.64	108.49	96.71	7.55	4.23
		5. 栽植桧柏球				349.64	308.08	33.11	8.45
1	E1-0150	普坚土种桧柏球　土球苗土　球径 50× 深 40 cm	株	6	22.11	132.66	114.66	18	
主材	补充主材003@2	桧柏球冠幅 W=80 cm 土球直径 40 cm	株	6	80	480			
2	E1-0352×2	后期养护　灌木　子目×2	10 株	0.6	361.64	216.98	193.42	15.11	8.45
		6. 栽植一串红				151.09	105.21	42.49	3.39
1	E1-0208	一串红	10^2	3	41.65	124.95	90.09	34.86	
主材	补充主材007	一串红 H=20 cm	m^2	30	50	1 500			
2	E1-0356×2	后期养护　花卉　子目×2	10 m^2	0.3	87.12	26.14	15.12	7.63	3.39
		7. 满铺草坪				4 234.5	2 696.4	968.7	569.4
1	E1-0205	铺草卷	10 m^2	30	26.81	804.3	428.4	375.9	
主材	补充主材008	铺草卷	m^2	300	7	2 100			
2	E1-0354×2	后期养护　冷草　子目×2	10 m^2	30	114.34	3 430.2	2 268	592.8	569.4
	0105	三、园路工程				44 025.46	7 303.71	36 190.22	531.53
		1. 透水砖路面				13 968.39	2 021.63	11 795.86	150.9
1	E1-0007	人工挖路槽	m^3	10.81	30.45	329.16	329.16		
2	E1-0657	200 厚粗沙垫层	m^3	4.74	81.6	386.78	79.63	301.42	5.73
3	E1-0661	150 厚 C15 混凝土垫层	m^3	3.56	424	1 509.44	94.2	1 388.26	26.98
4	E1-0571	花岗岩边石 500×100×100	m	70.1	119.08	8 347.51	1 001.03	7 258.15	88.33
5	E1-0537换	铺 200×200×60 透水砖	m^2	23.7	143.27	3 395.5	517.61	2 848.03	29.86
		2. 山东锈火烧板路面				30 057.07	5 282.08	24 394.36	380.63
1	E1-0007	人工挖路槽	m^3	32.85	30.45	1 000.28	1 000.28		

续表

序号	定额编号	子目名称	工程量		造价（元）		其中（元）		
			单位	数量	单价	合价	人工费	材料费	机械费
2	E1-0657	200 厚粗沙垫层	m^3	15.28	81.6	1 246.85	256.7	971.66	18.49
3	E1-0661	150 厚 C15 混凝土垫层	m^3	11.46	424	4 859.04	303.23	4 468.94	86.87
4	E1-0571	花岗岩边石 500×100×100	m	58.4	119.08	6 954.27	833.95	6 046.74	73.58
5	E1-0559 换	铺 300×600×30 火烧板	m^2	76.4	209.38	15 996.63	2 887.92	12 907.02	201.69
		四、花架工程				19 667.87	4 535	14 963.17	169.68
		1. 平整场地				39.45	39.45		
1	E1-0001	平整场地　人工	m^2	15	2.63	39.45	39.45		
		2. 基础				1 200.37	460.41	724.62	15.32
1	E1-0006	人工挖柱基	m^3	7.76	43.47	337.33	337.33		
2	E1-0659	垫层　机碎石	m^3	0.65	109.33	71.06	15.29	54.74	1.03
3	E1-0661	垫层　混凝土	m^3	0.65	424	275.6	17.2	253.47	4.93
4	E1-0666	混凝土基础　独立基础	m^3	1.04	444.82	462.61	46.2	416.41	
5	E1-0021	人工回填土　夯填	m^3	5.42	9.92	53.77	44.39		9.38
		3. 柱				2 494.16	840.32	1 608.84	45
1	E1-0744	现浇混凝土花架　柱	m^3	1.4	536.09	750.53	140.39	575.64	34.5
2	E2-1059	水泥砂浆 1∶3 找平	m^2	21	30	630	536.76	82.74	10.5
3	E1-0905	饰面米白色真石漆	m^2	21	53.03	1 113.63	163.17	950.46	
		4. 梁				7 383.08	936.75	6 446.33	
1	E1-0750	木梁	m^3	1.628	4 535.06	7 383.08	936.75	6 446.33	
		5. 檩条				2 847.34	213.15	2 634.19	
1	E1-0751	木檩条	m^3	0.666	4 275.28	2 847.34	213.15	2 634.19	
		6. 钢筋				2 170.96	420.94	1 720.71	29.31
1	E1-0947	现浇钢筋 ϕ10 以外（ϕ12）	t	0.08	4 597.67	367.81	42.18	314.04	11.59
2	E1-0946	现浇钢筋 ϕ10 以内（ϕ8+ϕ10）	t	0.364	4 953.71	1 803.15	378.76	1 406.67	17.72
		7. 模板				1 401.55	997.43	340.96	63.16
1	E1-0966	基础模板	m^3	1.04	41.48	43.14	27.52	15.62	

续表

序号	定额编号	子目名称	工程量		造价（元）		其中（元）		
			单位	数量	单价	合价	人工费	材料费	机械费
2	E1-0972	现浇钢筋混凝土模板 柱	m^3	0.986	538.92	531.38	370.64	135.11	25.63
3	E1-0973	现浇钢筋混凝土模板 梁、檩条	m^3	1.434	576.73	827.03	599.27	190.23	37..53
		8. 坐凳板				457.86	72.15	368.82	16.89
1	E2-0264	预制坐凳板	m^3	0.252	1 816.92	457.86	72.15	368.82	16.89
		9. 刷木蜡油				1 673.1	554.4	1 118.7	
1	E1-0930	花架廊假架油饰 木制	m^2	55	30.42	1 673.1	554.4	1 118.7	
		五、景石工程				2 589.72	1 441.44	862.15	286.13
		1. 景石				2 589.72	1 441.44	862.15	286.13
1	E1-0728	安布景石 重量 5 t 以内	10 t	0.5	5 179.44	2 589.72	1 441.44	862.15	286.13
主材费合计								8 575	
直接费合计								78 231.69	

编制人： 审核人： 编制时间：

表 1—6 单位工程材料价差表

工程名称：小游园园林工程 第 1 页 共 1 页

序号	材料名	单位	材料量	预算价（元）	市场价（元）	价差（元）	价差合价（元）
1	综合工日	工日	219.322	105	120	15	3 289.83
2	仿古综合工日	工日	5.074	120	135	15	76.11
3	花岗岩块道牙	m	129.785	97.5	20	−77.5	−10 058.34
4	景石	t	5.05	150	450	300	1 515
本页小计							−5 177.4
合计							−5 177.4

编制人： 审核人： 编制时间：

表 1—7 单位工程主要材料表

工程名称：小游园园林工程 第 1 页 共 1 页

序号	名称及规格	单位	材料量	预算价（元）
1	水泥 32.5	kg	2 951.21	0.42
2	钢筋 ϕ10 以内	kg	374.92	3.65
3	花岗岩块道牙	m	129.79	97.5
4	防腐木	m^3	2.52	3 500
5	沙子	m^3	20.67	60

续表

序号	名称及规格	单位	材料量	预算价（元）
6	混凝土砌块砖 200×100×60	块	1 208.7	2.13
7	花岗岩板 30 mm	m^2	77.16	150
8	仿石涂料	kg	84	8.5
9	耐候木油	kg	12.38	85
10	商品混凝土 C15	m^3	16.06	375
11	商品混凝土 C25	m^3	1.44	395
12	景石	t	5.05	150
13	杉篙	m	302.4	5.7
14	其他材料费	元	962.09	1
15	水	t	75.02	9
16	土	m^3	105	25
17	山杏胸径 D=12 cm 土球直径 100 cm	株	1	550
18	王族海棠胸径 D=8 cm 土球直径 60 cm	株	3	240
19	一串红 H=20 cm	m^2	30	50
20	铺草卷	m^2	300	7
合计				59 452.68

编制人：　　　　　　　　　　审核人：　　　　　　　　　　编制时间：

表 1—8　　　　　　　　　　人材机汇总表

工程名称：小游园园林工程　　　　　　　　　　第 1 页　共 2 页

序号	名称及规格	单位	数量	市场价（元）	合计（元）
一	人工				
1	综合工日	工日	198.884	120	23 866.04
2	仿古综合工日	工日	5.074	135	685.03
3	人工费调整	元	0.014	1	0.01
	小计				24 551.08
二	材料				
1	水	m^3	3.121	9	28.09
2	中沙	m^3	7.959	65	517.3
3	水泥 32.5	kg	2 951.206	0.42	1 239.51
4	三厘灰	kg	314.194	0.13	40.85
5	材料费调整	元	0.009	1	0.01
6	钢筋 ϕ10 以内	kg	374.92	3.65	1 368.46
7	钢筋 ϕ10 以外	kg	82.4	3.7	304.88

续表

序号	名称及规格	单位	数量	市场价（元）	合计（元）
8	水泥综合	kg	71.1	0.42	29.86
9	花岗岩块道牙	m	129.785	20	2 595.7
10	板方材	m^3	0.041	1 550	62.79
11	木模板	m^3	0.135	1 830	247.49
12	防腐木	m^3	2.523	3 500	8 831.9
13	石灰	kg	1.285	0.19	0.24
14	沙子	m^3	20.673	60	1 240.36
15	碎石、块石	m^3	0.775	65	50.4
16	混凝土砌块砖 200×100×60	块	1 208.7	2.13	2 574.53
17	花岗岩板 30 mm	m^2	77.164	150	11 574.6
18	螺栓	个	21.127	0.15	3.17
19	铁件	kg	16.539	4.5	74.43
20	电焊条综合	kg	1.334	5.04	6.72
21	镀锌铁丝 18#～22#	kg	3.979	4.5	17.91
22	水性封底漆（普通）	kg	2.625	6.7	17.59
23	水性中间层涂料	kg	5.25	32	168
24	油性透明漆	kg	5.25	7	36.75
25	烧碱	kg	1.47	4	5.88
26	仿石涂料	kg	84	8.5	714
27	耐候木油	kg	12.375	85	1 051.88
28	草袋	m^2	0.14	1.4	0.2
29	草绳	kg	5.1	1.11	5.66
30	石料切割机片	片	7.64	8	61.12
31	斜屋面板	m^3	0.252	1 400	352.8
32	商品混凝土 C15	m^3	16.062	375	6 023.16
33	商品混凝土 C20	m^3	1.066	385	410.41
34	商品混凝土 C25	m^3	1.435	395	566.83
35	景石	t	5.05	450	2 272.5
36	扎绑绳	kg	24	3.8	91.2
37	毛竹尖	根	14	5	70
38	农药综合	kg	4.198	50	209.92
39	肥料综合	kg	18.5	12	222
40	杉篙	m	302.4	5.7	1 723.68
41	复合木模板	m^2	0.688	30	20.65

续表

序号	名称及规格	单位	数量	市场价（元）	合计（元）
42	其他材料费	元	962.092	1	962.09
43	水	t	75.015	9	675.14
	小计				46 470.66
三	机械				
1	汽车起重机 5 t	台班	0.04	509.24	20.55
2	汽车起重机 8 t	台班	0.074	690.42	51.09
3	载重汽车 5 t	台班	0.096	445.55	42.77
4	载重汽车 8 t	台班	0.087	527.08	45.82
5	电动卷扬机单筒慢速 5 t	台班	0.136	114.83	15.63
6	石料切割机	台班	3.82	27.5	105.05
7	汽车起重机 20 t	台班	0.255	1 122.07	286.13
8	小翻斗车综合	台班	0.809	189.52	153.28
9	蛙式打夯机	台班	1.222	27.43	33.53
10	灰浆搅拌机 200 L	台班	2.37	126.15	298.98
11	钢筋切断机 ϕ40 以内	台班	0.047	46.28	2.19
12	剪草机	台班	2.1	110.11	231.23
13	碾压机	台班	0.002	530.48	1.03
14	钢筋弯曲机 ϕ40 内	台班	0.099	25.55	2.52
15	对焊机 75 kV·A	台班	0.007	240.26	1.73
16	喷药车	台班	0.775	470.22	364.51
17	电焊机综合	台班	0.102	205.6	20.92
18	机械费调整	元	0.283	1	0.28
	小计				1 677.24
四	主材				
1	土	m^3	105	25	2 625
2	小桃红冠幅 W=100 cm	株	3	50	150
3	山杏胸径 D=12 cm 土球直径 100 cm	株	1	550	550
4	国槐胸径 D=10 cm	株	1	450	450
5	桧柏球冠幅 W=80 cm 土球直径 40 cm	株	6	80	480
6	王族海棠胸径 D=8 cm 土球直径 60 cm	株	3	240	720
7	一串红 H=20 cm	m^2	30	50	1 500
8	铺草卷	m^2	300	7	2 100
	小计				8 575

编制人： 审核人： 编制时间：

表 1—9　　单位工程三材汇总表

工程名称：小游园园林工程　　第 1 页　共 1 页

序号	材料名称	单位	材料数量
1	钢材	t	0.473 8
	其中：钢筋	t	0.457 3
2	木材	m^3	2.563 9
3	水泥	t	3.022 3
4	商混凝土	m^3	
5	商品砂浆	m^3	

编制人：　　审核人：　　编制时间：

表 1—10　　单位工程主材汇总表

工程名称：小游园园林工程　　第 1 页　共 1 页

序号	名称及规格	单位	材料量	预算价（元）	预算价合计（元）	市场价（元）	市场价合计（元）
1	土	m^3	105	25	2 625	25	2 625
2	小桃红冠幅 W=100 cm	株	3	50	150	50	150
3	山杏胸径 D=12 cm　土球直径 100 cm	株	1	550	550	550	550
4	国槐胸径 D=10 cm	株	1	450	450	450	450
5	桧柏球冠幅 W=80 cm　土球直径 40 cm	株	6	80	480	80	480
6	王族海棠胸径 D=8 cm　土球直径 60 cm	株	3	240	720	240	720
7	一串红 H=20 cm	m^2	30	50	1 500	50	1 500
8	铺草卷	m^2	300	7	2 100	7	2 100
合计					8 575		8 575

相关知识

一、工程造价的计价模式

现阶段，在我国工程造价领域存在定额计价和工程量清单计价两种计价模式。

定额计价是指建设工程造价由定额直接费、间接费、利润、税金所组成的计价方式。其中定额直接费是套取国家或地区预算定额求得，再以定额直接费为基础乘以费用定额的相应费率加上材料差价等，最终确定工程造价。

工程量清单计价是指投标人根据招标文件中的工程量清单以及相关要求，结合工程施

工现场的实际情况、要求，由施工单位自行制订的工程施工方案或施工组织设计，按照企业定额并考虑风险因素，由施工单位自主报价所确定的工程造价。

1. 定额计价和工程量清单计价的联系

现行定额或准备重新编制的定额是工程量清单计价的基础。传统观念上的定额包括工程量计算规则、消耗量水平、单价、费用定额的项目和标准，而现在谈及的工程量清单计价与定额关系中的“定额”，仅特指消耗量水平（标准）。定额计价是以消耗量水平为基础，配上单价、费用标准等用以计价。而工程量清单虽然也以消耗量水平作为基础，但是单价、费用的标准等，政府都不再作规定，而是由“政府宏观调控，市场形成价格”。虽然同样是以消耗量标准为基础，但两者区别还是很大的。可以进一步理解为，目前政府仍然发布的消耗量标准不仅仅是推荐性的，还应该是过渡性的。建筑施工企业竞争的实质是劳动生产率的竞争，而劳动生产率高低的具体表现就是活劳动与物化劳动的消耗标准，它反映了一家企业的消耗量水平，所以在淡化政府定额之后，企业应该建立自己的定额，即消耗量标准。用发展的眼光来看，工程量清单计价应该抛开政府发布的社会平均水平的消耗量标准，而使用企业自己的消耗量作为编制工程量清单的基础，编制出反映企业自己消耗水平，反映企业实际竞争能力的报价书。

当然，就目前阶段而言，在企业还没有或没有完整的消耗量标准的情况下，政府还需要继续发布一些社会平均消耗量定额供大家参考使用，这也便于从定额计价向工程量清单计价过渡。可以看出，工程量清单计价的推广有助于进一步淡化政府发布的平均消耗量定额，从而推动企业建立自己的消耗量标准。

2. 定额计价和工程量清单计价的区别

（1）编制对象与综合内容不同　定额计价的项目主要是以施工过程（工艺流程）为对象，项目划分一般按施工工序，每个工序项目工作内容较为单一。而工程量清单由分部分项工程量清单、措施项目清单、规费、税金项目清单组成，工程量清单计价的项目主要是以最终产品为对象，按实际完成一个综合实体项目所需工程内容列项，每一个分项工程一般包含多项工作内容。

（2）工程量计算口径不同　定额计价工程量的计算要考虑不同的施工方法和施工时需要增加的实际数量。而工程量清单计价工程量的计算规则是按工程实体尺寸净量计算，不考虑施工方法和施工时需要增加的余量。

（3）计量单位不同　定额计价中计量单位一般采用扩大物理计量单位或自然计量单位，如 100 m、1 000 m^3 等。而工程量清单计价中计量单位一般采用基本的物理计量单位或自然计量单位，如 m、kg、t、套等，如定额计价法中砖基础计量单位是 10 m^3，而清单计价法中砖基础计量单位是 m^3。

（4）计价依据不同 定额计价的主要依据为国家、省、有关主管部门制定的各种定额，其性质是指导性。而工程量清单计价主要依据为《建设工程工程量清单计价规范》（GB 50500—2013）。

（5）计价基本方法及程序不同

1）定额计价基本方法及程序

①按照预算定额规定的分部分项子目，依据设计图纸逐项计算工程量；

②根据分项工程性质选择套用相应定额，根据人工费、材料费、施工机械使用费等基础数据计算直接工程费；

③根据各分项工程直接工程费与措施费用合计计算单位工程直接费；

④根据单位工程直接费 + 间接费 + 利润 + 税金计算单位工程造价；

⑤汇总各单位工程造价 + 设备、工器具购置费计算单项工程造价；

⑥汇总各单项工程造价 + 预备费 + 工程建设其他费用形成建设项目总造价。

2）工程量清单计价基本方法及程序

①在统一的工程量清单项目设置的基础上，根据具体的设计图纸计算出各清单项目的工程量；

②清单分部分项工程定额子目套用，根据套用定额子目计算清单项目综合单价，清单项目综合单价包含完成清单项目单位工程量所需的人工费、材料费、施工机械使用费、管理费、利润及一定范围内的风险费用；

③依据清单工程量及综合单价计算清单项目合价；

④计算措施项目清单费用；

⑤计算其他项目费（包含暂列金、暂估价、计日工、总承包服务费）；

⑥汇总分部分项工程费、措施项目费、其他项目费、计算汇总规费及税金组成单位工程费；

⑦汇总各单位工程费组成单项工程费；

⑧汇总各单项工程造价 + 预备费 + 工程建设其他费用形成建设项目总造价。

（6）风险处理的方式不同

定额计价风险只在投资一方，风险只存在于不可遇见费中；结算时，按合同约定，可以调整价格。可以说投标人没有风险，不利于控制工程造价。而工程量清单计价使招标人与投标人风险合理分担，工程量上的风险由招标人承担，单价上的风险由投标人承担。投标人对自己所报的成本、综合单价负责，还要考虑各种风险对价格的影响，综合单价一经合同确定，结算时不可以调整（除工程量有变化），投标人对工程量的变更或计算错误不负责任；而招标人在计算工程量时要准确，工程量上的风险由招标人承担，有利于控制工

程造价。

二、园林工程预算的概念

园林工程预算是指在园林工程建设过程中，根据不同的设计阶段、设计文件的具体内容和有关定额、指标及取费标准，预先计算和确定建设项目的全部工程费用的技术性经济文件。

三、园林工程预算的种类

园林工程建设一般要经过初步设计阶段、施工图设计阶段、施工阶段、竣工阶段等。园林工程预算按设计阶段和所起的作用及编制依据的不同，一般可分为设计概算、施工图预算、施工预算、竣工决算和竣工结算，如图 1—2 所示。

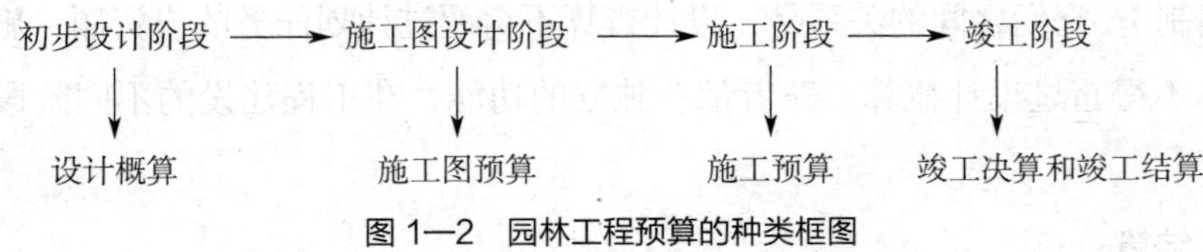

图 1—2　园林工程预算的种类框图

1. 设计概算

设计概算是初步设计文件的重要组成部分。它是由设计单位在初步设计阶段，根据初步设计图纸，按照有关工程概算定额（或概算指标）、各项费用定额（或取费标准）等有关资料，预先计算和确定工程费用的文件。

2. 施工图预算

施工图预算是指在施工图设计阶段，当工程设计完成后，在工程开工之前，由施工单位根据经过批准（会审）的施工图纸，在既定的施工方案前提下，按照国家或省市颁发的现行预算定额、费用标准、材料预算价格等有关规定，进行逐项计算工程量、套用相应定额、进行工料分析、计算直接费，并计取间接费、计划利润、税金等费用，确定单位工程造价的技术经济文件。

3. 施工预算

施工预算是施工单位内部编制的一种预算，是指施工阶段在施工图预算的控制下，施工企业根据施工图计算的工程量、施工定额、单位工程施工组织设计等资料，通过工料分析，预先计算和确定工程所需的人工、材料、机械台班消耗量及其相应费用的文件。施工预算应以施工图预算为基础，施工预算总造价不应突破施工图预算的总造价。

4. 竣工决算

工程竣工决算分为施工单位竣工决算和建设单位竣工决算两种。

施工单位竣工决算，是以单位工程为对象，以单位工程竣工结算为依据，核算一个单位工程的预算成本、实际成本和成本降低额，所以又称为单位工程竣工成本决算。它是由施工企业的财会部门进行编制的。通过决算，施工企业内部可以进行实际成本分析，反映经营效果，总结经验教训，以利于提高企业经营管理水平。

建设单位竣工决算，是在新建、改建和扩建工程建设项目竣工验收移交后，由建设单位组织有关部门，以竣工结算等资料为基础编制的，重点是建设单位财务支出情况，是整个建设项目从筹建到全部竣工的建设费用的文件，它包括建筑工程费用、安装工程费用以及设备、工器具购置费用和其他费用等。建设单位竣工决算的主要作用是分析投资效果。

设计概算、施工图预算和竣工决算简称“三算”。

设计概算是在初步设计阶段，由设计单位编制的。施工图预算是在单位工程开工前，由施工单位编制的。竣工决算是在建设项目或单项工程竣工后，由建设单位编制的（施工单位也编制）。它们之间的关系是：设计概算不得超过计划任务的投资额，施工图预算和竣工决算不得超过设计概算。三者都有独立的功能，在工程建设的不同阶段发挥各自的作用。

5. 竣工结算

工程竣工结算是指施工企业按照工程合同规定的内容全部完成所承包的工程，经验收质量合格，并符合合同要求之后，向发包单位进行的最终工程款结算。竣工结算是一种动态的计算，是按照工程实际发生的量与额来计算的。经过审查（审计）的工程竣工结算是核定建设工程造价的依据，也是建设项目竣工验收后编制竣工决算和核定新增固定资产价值的依据。竣工结算具体内容将在模块四中详述。

上述各项预算和结算的原理和方法基本相同。其中，施工图预算是招标单位编制招标控制价（或标底）、投标单位确定投标价的主要方法和必要手段；竣工结算是核定建设工程造价的依据，编制依据同其他预算略有不同，因此，本书主要学习施工图预算和竣工结算。

四、园林工程预算的作用

1. 园林工程预算是确定园林工程造价的依据。

2. 园林工程预算是建设单位与施工单位进行工程投标的依据，也是双方签订承包经济合同、办理工程竣工结算的依据。

3. 园林工程预算是施工企业组织生产、编制计划、统计工作量和实物量指标的依据。

4. 园林工程预算是考核工程成本的依据。

5. 园林工程预算是设计单位对设计方案进行技术经济分析比较的依据。

五、园林工程预算的编制依据

1. 施工图纸和工程量清单

施工图纸是指经过施工图设计文件审查并通过的施工图，包括所附的设计说明书、选用的通用图集和标准图集或施工手册、设计变更文件等，它是编制预算的基本资料；工程量清单必须是招标单位提供的经过审核的工程量清单。

2. 施工组织设计

施工组织设计又称施工方案，是确定单位工程进度计划、施工方法、主要技术措施、施工现场平面布局和其他有关准备工作的技术文件。在编制预算时，某些分部工程应该套用哪些工程细目的定额，以及相应的工程量是多少，都要以施工组织设计为依据。

3. 工程预算定额（或企业定额）

工程预算定额是确定工程造价的主要依据，它是由国家或被授权单位统一组织编制和颁发的一种法令性指标，具有极大的权威性。如企业有自己的企业定额，可根据招标具体要求采用本企业的定额，如企业没有企业定额，则采用本地区统一定额。

4. 材料预算价格、人工工资标准、施工机械台班费用定额

（略）

5. 园林建设工程管理费用及其他费用定额

工程管理费和其他费用，因地区和施工企业资质等级不同，取费标准也不同。

6. 国家及地区颁布的有关文件

国家或地区各有关部门制定和颁发的有关编制工程预算的各种文件和规定，如材料调价、新增取费项目等。

7. 工具书及其他有关手册

（略）

思考与练习

1. 目前我国工程造价有哪几种计价模式?
2. 什么是园林工程预算?
3. 园林工程预算的种类包括哪些?
4. 简述编制园林工程预算的作用和编制依据。

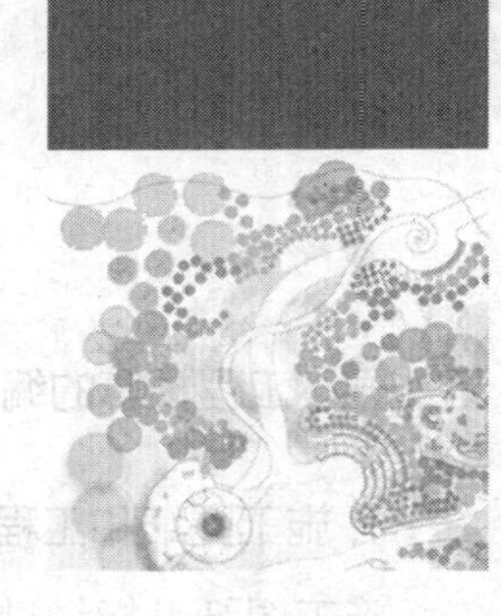

模块二

定额计价法编制园林工程施工图预算

园林工程建设主要包括绿化工程、园路园桥工程、园林景观小品工程等。园林工程预算主要分为计算工程量、套用定额、费用计取三部分。本模块以某小游园景观设计（见图 2—1）为例进行园林工程施工图预算学习。

图 2—1　某小游园景观设计效果图

本书以《建设工程工程量清单计价规范》（GB 50500—2013）、《园林绿化工程工程量计算规范》（GB 50858—2013）和《吉林省园林及仿古建筑工程计价定额》（JLJD—YL—2014）为标准进行编写。在园林工程预算中，由于存在地区差异，各地区工程量计算规则和计价形式有所不同，但是基本原理和计算方法一致。本教材以吉林省为例进行说明，在实际编制工程预算的时候要结合地区情况灵活掌握，原则是要遵守招标文件的要求。

课题一

园林工程工程量计算

任务一　绿化工程工程量计算

任务目标

◇了解绿化工程工程量的计算规则和相关规定

◇掌握绿化工程工程量计算的方法

◇熟悉绿化工程工程量的计算步骤

任务提出

计算如图 2—2 所示小游园绿化工程工程量。

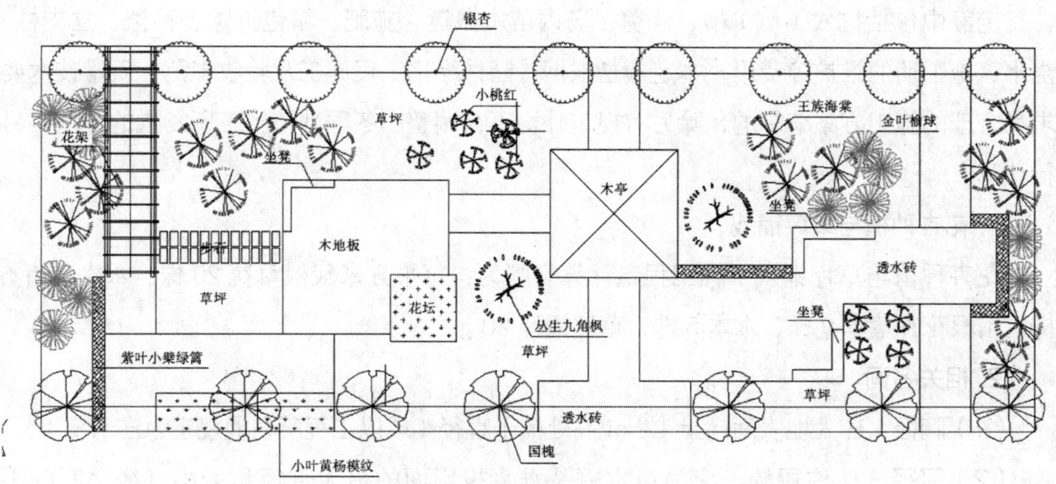

苗木统计表

序号	图例	树　种	规　格	单位	数量	备注
1		从生九角枫	土球直径120 cm	株	2	3~4分枝 每分枝4~5cm
2		银杏	D=12 cm土球直径100 cm	株	9	
3		国槐	D=10 cm	株	7	
4		王族海棠	D=8 cm土球直径60 cm	株	16	
5		小桃红	W=100 cm	株	9	
6		金叶榆球	W=80 cm土球直径40 cm	株	12	
7		小叶黄杨模纹	H=30 cm	m^2	9	
8		紫叶小檗绿篱	H=30 cm	m	8.25	
9		一串红		m^2	5	
10		草坪		m^2	342	

说明：花灌木品种、宿根花卉品种可适当调整。密植的要冠与冠相接。

图 2—2　小游园绿化工程施工图

任务分析

园林工程预算有两大部分：一是工程量（实物工作量），二是预算定额基价（单价），在此基础上计算出工程造价。因此，工程量的计算是工程预算的基础和重要组成部分。

绿化工程主要包括绿化工程的准备工作，树木栽植、花卉种植与草坪铺栽工程，大树移植工程，绿化养护管理工程等。如图 2—2 所示的小游园绿化工程工程量计算，主要包括整理绿化地、栽植工程和养护管理三个方面的内容。在计算园林绿化工程量时要严格按照定额中的工程量计算规则进行。

相关知识

一、定额标准用量及有关规定（不同地区规定有差异，以当地定额为准）

定额中包括挖穴（坑）槽、修剪、场内苗木搬运、施肥、箱包拆除、种植、立支柱、浇水、施工期的维护等费用。本定额是根据《园林绿化工程施工及验收规范》质量技术要求和合理的施工方案编制的，除另有规定外均不得调整。冬季种植施工所发生的费用，另行计算。

1. 花卉种植与草坪铺栽

花卉种植与草坪铺栽工程工程量计算规则为：每平方米栽植草花 25 株、木本花卉 5 株，宿根花卉草本 9 株、木本 5 株，草坪播种 20 g。

2. 相关名词

（1）胸径　应为地表面向上 1.2 m 高处树干直径（或以工程所在地规定为准）。

（2）冠径　又称冠幅，应为苗木冠丛垂直投影面的最大直径和最小直径之间的平均值。

（3）蓬径　应为灌木、灌丛垂直投影面的直径。

（4）地径　应为地表面向上 0.1 m 高处树干直径。

（5）干径　应为地表面向上 0.3 m 高处树干直径。

（6）株高　应为地表面至树顶端的高度。

（7）冠丛高　应为地表面至乔（灌）木顶端的高度。

（8）篱高　应为地表面至绿篱顶端的高度。

（9）生长期　又称年生，应为苗木种植至起苗的时间。

（10）养护期　应为招标文件中要求苗木种植结束，竣工验收通过后，承包人负责养护的时间。

（11）条长　指攀缘植物从地面起到顶稍的长度。

（12）实物工程量（简称工程量）　表示一定计量单位合格的分项工程（材料）的数量。

3. 合理损耗率

各种植物材料在运输、栽植过程中，合理损耗率为：

（1）裸根乔木、裸根灌木损耗率为 1.5%。

（2）绿篱、色带、攀缘植物损耗率为 2%。

（3）竹类、草根、花卉、草籽、花籽损耗率为 4%。

（4）草卷、立体花坛花卉损耗率为 6%。

（5）卡盆花卉缀花、花坛总高为 5 m 以上时，高度每增加 1 m，成品卡盆花卉损耗率增加 1%。

4. 浇水

绿化工程，新栽树木浇水以三遍为准，浇齐三遍水即为工程结束。

5. 栽植工程

（1）一般树木栽植　乔木胸径在 3 ~ 10 cm 以内，常绿树苗高在 1 ~ 4 m 以内。

（2）大树栽植　带土球的土球直径≥160 cm、裸根的树木胸径≥30 cm 的按大树移植执行。

二、工程量计算规则

1. 绿地整理

（1）整理绿化用地按设计图示尺寸以面积计算。

（2）绿地起坡造型按设计图示尺寸以体积计算。

（3）原土过筛体积按表 2—1 和表 2—2 规定计算。

表 2—1　　原土过筛体积（一）

类别	规格		土球土量	坑径土量	筛土量	筛余渣土量	渣土量	客土量	说明
	球径（cm）/箱体	坑径（cm）	m³/株			m³/株、m³/m²			
土球苗木	30×20	50×40	0.014	0.079	0.064	0.019	0.033	0.064	
	50×40	70×60	0.079	0.231	0.152	0.046	0.124	0.152	
	70×50	100×70	0.192	0.550	0.357	0.107	0.300	0.357	
	80×60	110×80	0.302	0.760	0.459	0.138	0.439	0.459	
	100×80	130×90	0.628	1.195	0.566	0.170	0.798	0.566	
	120×90	150×100	1.018	1.767	0.749	0.255	1.243	0.749	
	150×100	180×110	1.767	2.799	1.032	0.310	2.077	1.032	
	180×120	210×130	3.054	4.503	1.449	0.435	3.488	1.449	
	200×120	230×130	3.770	5.401	1.631	0.489	4.259	1.631	
单行绿篱	30×20	50×40	0.049	0.200	0.151	0.045	0.095	0.151	3.5 株 /m
	50×30	70×50	0.206	0.350	0.144	0.043	0.249	0.144	
	60×40	100×60	0.396	0.600	0.204	0.061	0.457	0.204	
双行绿篱	30×20	60×40	0.071	0.240	0.169	0.051	0.121	0.169	5 株 /m
	50×30	80×50	0.295	0.400	0.105	0.032	0.326	0.105	
	60×40	120×60	0.565	0.720	0.155	0.046	0.612	0.155	

续表

类别	规格		土球土量	坑径土量	筛土量	筛余渣土量	渣土量	客土量	说明
	球径（cm）/箱体	坑径（cm）	m^3/株			m^3/株、m^3/m^2			
木箱苗木	200×200×90	360×360×110	3.600	14.256	10.656	3.197	6.797	10.656	
	250×250×100	410×410×120	6.250	20.172	13.922	4.177	10.427	13.922	
	300×300×110	460×460×130	9.900	27.508	17.608	5.282	15.182	17.608	
竹类	50×40	90×60	0.079	0.382	0.303	0.091	0.169	0.303	
	70×50	110×70	0.192	0.665	0.473	0.142	0.334	0.473	
	80×60	120×80	0.302	0.905	0.603	0.181	0.483	0.603	
色带	高度 1.2 m 以内：种植土厚度为 40 cm					0.12	0.4	0.4	
	高度 1.8 m 以内：种植土厚度为 50 cm					0.15	0.5	0.5	
草坪、地被、花卉：种植土厚度为 30 cm						0.09	0.3	0.3	

注：土球土量＋筛余渣土量＝渣土量，单、双行绿篱客土单位为：m^3/m。

表 2—2 **原土过筛体积（二）**

类别	规格		筛土量	筛余渣土量	客土量	说明
	胸径（cm）或树高（m）	圆坑 直径（cm）×高（cm）	m^3/株			
裸根乔木	3～5	70×50	0.192	0.058	0.192	
	5～7	80×60	0.302	0.090	0.302	
	7～10	100×80	0.628	0.188	0.628	
	10～13	120×80	0.905	0.271	0.905	
	13～15	130×90	1.195	0.358	1.195	
	15～20	150×90	1.590	0.477	1.590	
	20～25	170×90	2.043	0.613	2.043	
裸根灌木	1.5 以内	60×40	0.113	0.034	0.113	
	1.5～1.8	70×50	0.192	0.058	0.192	
	1.8～2	80×50	0.251	0.075	0.251	
	2～2.5	90×60	0.382	0.115	0.382	
攀缘植物	三年生	20×20	0.006	0.002	0.006	
	四年生	30×30	0.021	0.006	0.021	
	五年生	40×40	0.050	0.015	0.050	
	六～八年生	50×40	0.079	0.024	0.079	

注：渣土含量按 30% 计算。

（4）渣土外运按体积计算

1）整理绿化用地渣土量按 0.05 m^3/m^2 计算。

2）自然地坪与设计地坪标高有差距时，整理绿化用地渣土量按挖、填方之差计算。

3）筛土项目、客土项目、种植苗木渣土量按上表规定计算。

4）除以上规定渣土量计算外，其他均按“原土原还”原则，不得计算渣土量。

（5）挖土方分普坚土和沙砾坚土两类土壤类别，土方工程的所有子目均按自然方计算。

（6）拆除各种垫层、基础墙、钢筋混凝土按体积计算；拆除路面按面积计算；拆除道牙按长度计算。

（7）伐树、挖树根、砍挖灌木按数量计算。

（8）割、挖草皮、绿篱色带，清除地被植物按面积计算。

（9）挖竹类按数量计算。

（10）屋面清理按设计图示按面积计算；屋顶花园基底处理分作法按面积计算；软式透水管分规格按长度计算；回填轻质种植基质按体积计算。

（11）客土工程

1）裸根乔木、灌木根据不同胸径按数量计算。

2）攀缘植物根据不同生长年限按数量计算。

3）土球苗木和竹类根据不同土球规格按数量计算。

4）木箱苗木根据不同的箱体规格按数量计算。

5）绿篱分单行或双行根据不同高度按长度计算。

6）色带、草坪、花卉、地被植物按种植面积计算。

2. 苗木栽植

（1）苗木根据设计图示要求的种类、规格分别按株、株丛、米、平方米计算。

（2）苗木种植按不同土壤类别分别计算

1）裸根乔木根据不同胸径按设计图示数量计算。

2）裸根灌木根据不同高度按设计图示数量计算。

3）土球苗木根据不同土球规格按设计图示数量计算。

4）木箱苗木根据不同箱体规格按设计图示数量计算。

5）绿篱根据单行或双行根据不同篱高按设计图示长度计算。

6）攀缘植物根据不同生长年限按设计图示数量计算。

7）草坪、色带（块）、宿根植物和花卉、播花籽按绿化投影面积计算（本定额按宿根花卉 25 株 /m^2、色带 16 株 /m^2、木本花卉 9 株 /m^2、时令花卉 40 株 /m^2 计算）。卡盆缀花、穴盘苗栽植按面积计算（本定额按卡盆花卉 83 株 /m^2、穴盘苗 816 株 /m^2 计算）。如

每平方米的数量与本定额不同时可按设计要求调整苗木数量。

8）立体花卉根据设计图示要求的种类、规格分别按设计图示数量、面积计算。

9）填充基质按照不同基质配比以体积计算。

10）穴盘苗缀花绷布塑形按外形表面的展开面积计算。

11）竹类根据不同的土球规格按设计图示数量（3~5根/株丛）计算。

12）植草砖孔内植草按绿化投影面积计算。

13）喷播植草根据不同的坡度比、坡长按绿化面积计算。

14）湿生植物、挺水植物根据不同芽数按设计图示数量计算。浮叶植物按设计图示数量计算。

（3）浇水车浇水，按不同种植类别、规格、年限以株、米、平方米、株丛计算。

（4）掘苗按不同土质、苗木、箱体规格以数量计算。

（5）运苗按不同苗木、箱体规格以数量计算。

（6）后期养护及保存养护

1）乔木（果树）、灌木、攀缘植物按数量计算。

2）绿篱按长度计算。

3）草坪、花卉、色带、宿根植物、水生植物按面积计算。

4）竹类按数量计算。

5）卡盆缀花、穴盘苗养护按照设计图示尺寸以面积计算。

三、工程量计算的一般原则

预算人员应在熟悉图纸、预算定额和工程量计算规则的基础上，根据施工图上的尺寸、数量，准确地计算出各项工程的工程量，并填写工程量计算表格。为了保证工程量计算的准确性，通常要遵循以下几个原则：

1. 计算口径要一致，避免重复和遗漏

计算工程量时，根据施工图列出分项工程的口径（即项目，指分项工程包括的工作内容和范围），必须与预算定额中相应分项工程的口径一致。例如：栽植绿篱，预算定额中已包括了开沟项目，则计算该项工程量时，不应另列开沟项目，以免造成重复计算。

2. 工程量计算规则要一致，避免错算

工程量计算必须与预算定额中规定的工程量计算规则（或工程量计算方法）相一致，保证计算结果准确。

3. 计量单位要一致

各分项工程量的计量单位，必须与预算定额中相应项目的计量单位一致。例如：预算

定额中，栽植绿篱分项工程的计量是延长米，而不是株数，则工程量单位也是延长米。

4. 按顺序进行计算

计算工程量时要按照一定的顺序（工序）逐一进行计算，既可以避免漏项和重算，又方便后续套定额操作。

5. 计算精度要统一

为了计算方便，工程量的计算结果统一要求为：除钢材（以 t 为单位）、木材（以 m^3 为单位）取三位小数外，其余项目一般四舍五入后取两位小数。

任务实施

绿化工程工程量的计算要按照绿化工程的施工顺序进行，绿化工程的施工顺序为：栽植前准备→栽植→养护管理。

绿化工程工程量计算的步骤如下：

一、列出分项工程项目名称

根据图 2—2 所示小游园园林工程施工图和园林绿化工程量计算规则，结合施工方案的有关内容，按照施工顺序计算工程量，逐一列出工程量计算表中绿化施工图预算的分项工程项目名称（简称列项），所列的分项工程项目名称必须与预算定额中相应项目名称一致，见表 2—3。

说明：在绿化工程当中，绿化苗木如果是市场购入的苗木不计算起苗费，直接计算苗木费即可。本案例按圃地苗木计算（即需列起挖苗项）。

表 2—3　　工程量计算表

序号	分项工程名称	单位	计算公式	工程数量	备注
1	一、栽植前准备				
2	整理绿化地	m^2			
3	换土厚 0.3 m	m^3			
4	二、栽植				
5	丛生九角枫（3～4 分枝，每分枝 4～5 cm） 土球直径 120 cm	株			
6	养护	10 株			养护期 2 年
7	银杏 D=12 cm　土球直径 100 cm	株			
8	养护	10 株			养护期 2 年
9	国槐 D=10 cm	株			

续表

序号	分项工程名称	单位	计算公式	工程数量	备注
10	养护	10 株			养护期 2 年
11	王族海棠 *D*=8 cm　土球直径 60 cm	株			
12	养护	10 株			养护期 2 年
13	小桃红 *W*=100 cm	株			
14	养护	10 株			养护期 2 年
15	金叶榆球 *W*=80 cm　土球直径 40 cm	株			
16	养护	10 株			养护期 2 年
17	小叶黄杨模纹 *H*=30 cm	m^2			
18	养护	10 m^2			养护期 2 年
19	紫叶小檗绿篱 *H*=80 cm	m			
20	养护	10 m			养护期 2 年
21	一串红	10 m^2			
22	养护	10 m^2			养护期 2 年
23	草坪	10 m^2			
24	养护	10 m^2			养护期 2 年

二、列出工程量计算公式

分项工程项目名称列出后，根据施工图纸所示的部位、尺寸和数量，按照工程量计算规则（各类工程的工程量计算规则见工程预算定额有关说明），分别列出工程量计算公式并计算工程量，填入表 2—4。

表 2—4　　工程量计算表

序号	分项工程名称	单位	计算公式	工程数量	备注
1	一、栽植前准备				
2	整理绿化地	m^2		585	所有绿地面积
3	换土厚 0.3 m	m^3	$V=S\times H=585\times 0.3=175.5$	175.5	换土厚度 0.3 m
4	二、栽植				
5	丛生九角枫（3～4 分枝，每分枝 4～5 cm） 土球直径 120 cm	株		2	
6	养护	10 株		0.2	养护期 2 年
7	银杏 *D*=12 cm　土球直径 100 cm	株		9	
8	养护	10 株		0.9	养护期 2 年

续表

序号	分项工程名称	单位	计算公式	工程数量	备注
9	国槐 *D*=10 cm	株		7	
10	养护	10 株		0.7	养护期 2 年
11	王族海棠 *D*=8 cm　土球直径 60 cm	株		16	
12	养护	10 株		1.6	养护期 2 年
13	小桃红 *W*=100 cm	株		9	
14	养护	10 株		0.9	养护期 2 年
15	金叶榆球 *W*=80 cm　土球直径 40 cm	株		12	
16	养护	10 株		1.2	养护期 2 年
17	小叶黄杨模纹 *H*=30 cm	m^2		9	
18	养护	10 m^2		0.9	养护期 2 年
19	紫叶小檗绿篱 *H*=80 cm	m		8	双排
20	养护	10 m		0.8	养护期 2 年
21	一串红	10 m^2		0.5	
22	养护	10 m^2		0.5	养护期 2 年
23	草坪	10 m^2		34.2	
24	养护	10 m^2		34.2	养护期 2 年

注：$S \times H$ 表示底面积 × 换土厚度。

三、调整计量单位

通常计算的工程量都是以 m、m^2、m^3 等为计算单位，但预算定额中往往以 10 m、10 m^2、10 m^3、100 m^2、100 m^3 等为计量单位，因此还需将计算的工程量单位按预算定额中相应项目规定的计量单位进行调整，使计量单位一致。如表 2—4 中草坪养护以 10 m^2 计算，必须把工程量的单位由 m^2 换成 10 m^2，以便于套用定额的计算。

四、校核

绿化工程工程量计算完毕，经校核后，就可以填写工程预算书。

思考与练习

1. 绿化工程量的计算规则是什么？
2. 绿化工程量的计算步骤是什么？

任务二　园路工程工程量计算

任务目标

◇了解园路工程定额相关规定

◇掌握园路工程工程量计算规则，会计算园路工程工程量

任务提出

根据图 2—3 和图 2—4 所示某小游园园路施工图（定位图和结构详图）和园路工程量计算规则及有关规定，计算园路工程工程量。

任务分析

园路即园林绿地中的道路，是联系园林绿地中各景区、景点的纽带和脉络。园路的功能体现在既能引导游览路线，满足游人游览观赏、休息散步以及开展各种游园活动的需要，又是分隔、联系、组织、形成园林空间和园林景观的重要元素和手段。园路是园林造景的主要内容，也是园林景观的重要组成部分。

如图 2—3、图 2—4 所示为某小游园园路工程施工图（定位图和结构详图），本设计包括五种园路，即透水砖、火烧板、木地板、卵石路和步石。

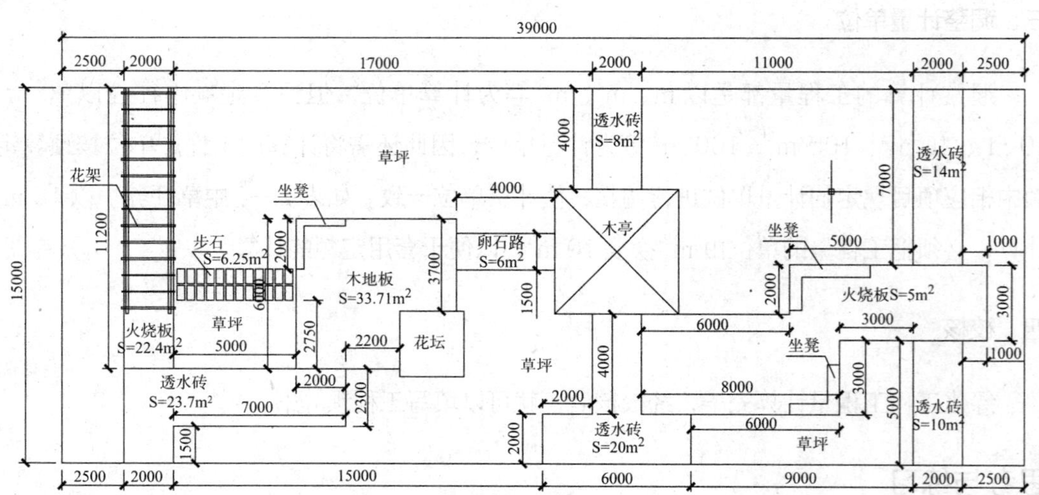

图 2—3　某小游园园路定位图

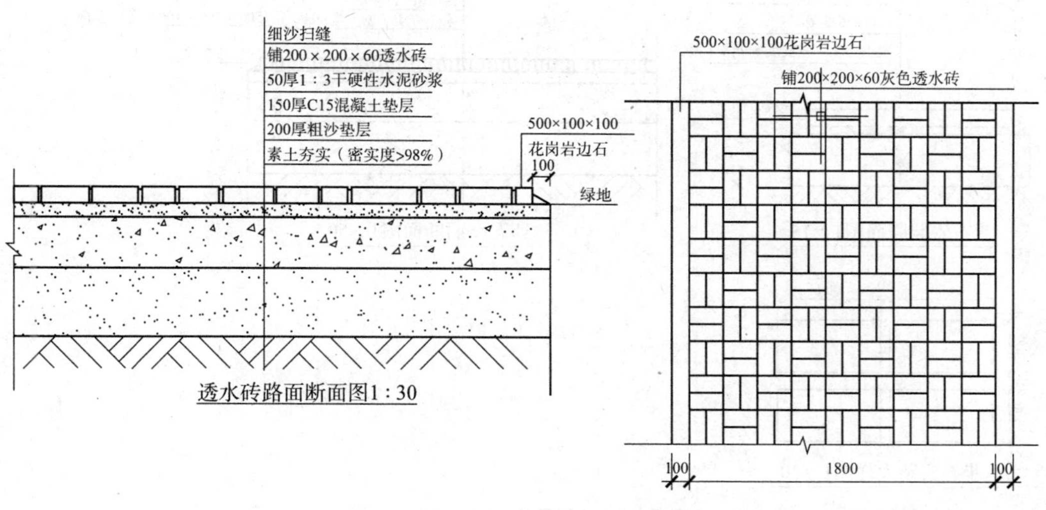

透水砖路面断面图1：30

透水砖铺装大样图1：30

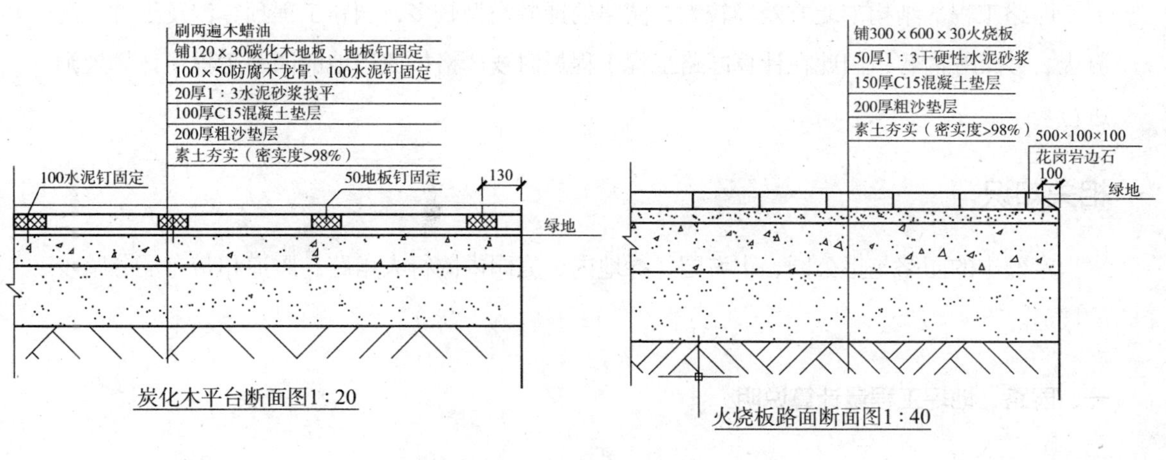

炭化木平台断面图1：20

火烧板路面断面图1：40

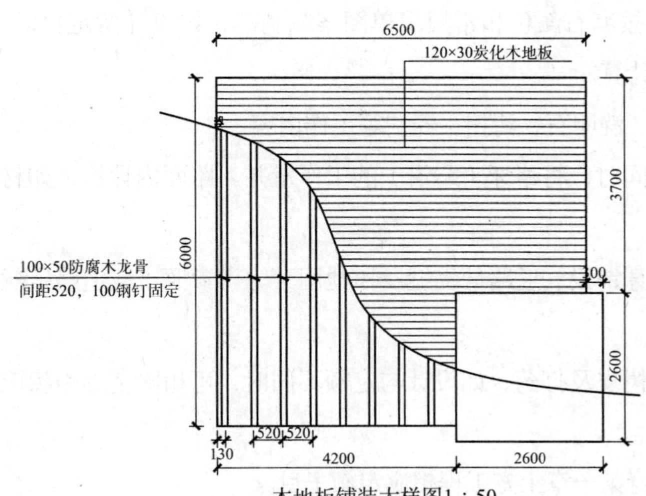

木地板铺装大样图1：50

300×600×30浅灰色火烧板

300

300

300

600

火烧板铺装大样图1：50

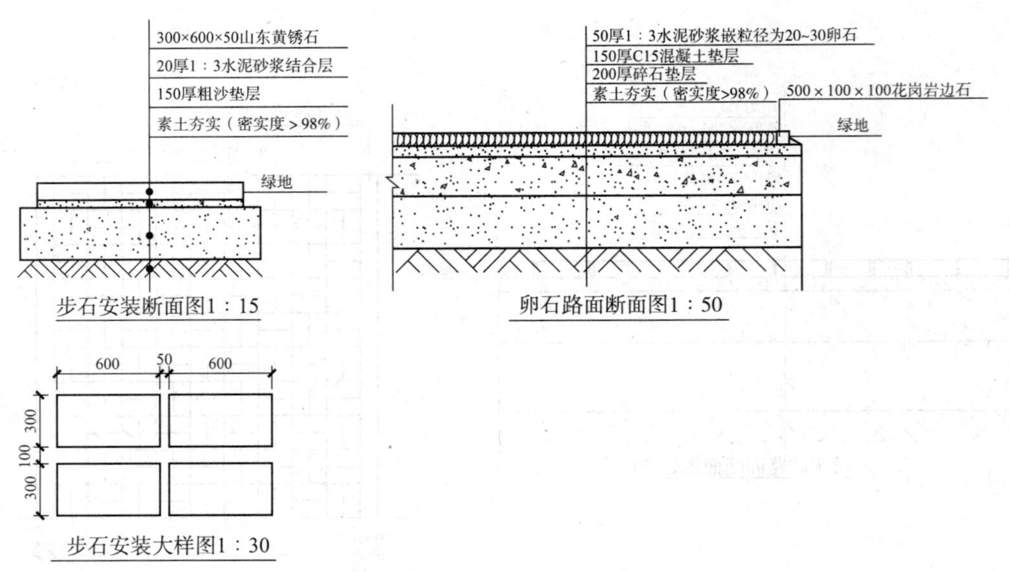

图 2—4　小游园园路结构详图

园路工程的结构南北方差异较大，园路的铺装类型较多，园路工程预算涉及土方、混凝土、砂浆等内容，因此在计算园路工程工程量时要严格按照当地的园路工程量计算规则进行。

相关知识

定额中的园路是指公园、小游园、绿地内、庭园内的行人甬路、蹬道和带有部分踏步的坡道。

一、园路、地坪工程量计算说明

1. 满铺卵石面（拼花）定额是按卵石颜色和常用简单图案编制的，如设计指定色泽、粒径或拼花图案时，可不按本定额计算。

2. 铺卵石路面定额包括选卵石、洗卵石、清扫、养护等工作内容。

3. 路牙（路沿）材料与路面相同时，将路牙（路沿）的工作量并入路面内计算，如材料不同时，另行计算。

4. 定额中没有包括的路面、路牙铺设、道路伸缩缝及树池围牙等可参照市政道路定额手册相应项目计算。

5. 树池盖板定额中已包括铺放树皮及打药，如设计与定额不同时，可扣除定额中相应材料。

6. 园路、台阶的土方项目，执行第一章土方工程相应定额子目。

7. 木平台、木栈道、木桥设计有梁、柱的，执行第十章花架中的木梁、木柱定额子目。

二、园路、地坪工程量计算规则

1. 路面（不含蹬道）和地面按面积计算。
2. 坡道路面带踏步的其踏步部分应予以扣除，并另按台阶相应定额子目计算。
3. 拌石或片石蹬道按水平投影面积计算。
4. 成品树池箅子按设计图示数量计算。
5. 树池填充按树池内框尺寸以面积计算。
6. 路牙按长度计算。
7. 混凝土或砖石台阶按体积计算。
8. 台阶和坡道的踏步面层按水平投影面积计算。
9. 木台阶按水平投影面积计算。
10. 木桥梁按设计图示截面尺寸乘按长度以体积计算。
11. 木桥、木龙骨按设计图示桥面尺寸以面积计算。
12. 涉水汀步石按体积计算。

任务实施

一、园路施工工艺流程

透水砖施工工艺流程：平整场地→放线→挖路槽→素土夯实→200厚粗沙垫层→150厚C15混凝土垫层→安装边石→50厚1∶3干硬性水泥砂浆→铺200×200×60透水砖→细沙扫缝→成品保护→清理现场。

火烧板施工工艺流程：平整场地→放线→挖路槽→素土夯实→200厚粗沙垫层→150厚C15混凝土垫层→安装边石→50厚1∶3干硬性水泥砂浆→铺300×600×30火烧板→细沙扫缝→成品保护→清理现场。

炭化木地板施工工艺流程：平整场地→放线→挖路槽→素土夯实→200厚粗沙垫层→100厚C15混凝土垫层→20厚1∶3水泥砂浆找平→安装100×50防腐木龙骨→铺设120×30炭化木地板→刷油→成品保护→清理现场。

卵石路施工工艺流程：平整场地→放线→挖路槽→素土夯实→200厚碎石垫层→150厚C15混凝土垫层→安装边石→50厚1∶3水泥砂浆嵌粒径为20～30卵石→清洗卵石→成品保护→清理现场。

二、园路工程工程量计算

1. 列项

结合定额项目划分和园路工程施工工艺流程，列出工程项目名称，见表 2—5。

表 2—5　　工程量计算表

工程名称：　　　　年　月　日

序号	项目名称	单位	计算公式	工程数量
1	一、透水砖路面			
2	挖路槽	m^3		
3	200 厚粗沙垫层	m^3		
4	150 厚 C15 混凝土垫层	m^3		
5	花岗岩边石 500×100×100	m		
6	50 厚 1∶3 干硬性水泥砂浆	m^2	定额包含了 20 厚砂浆的费用，因此要扣除	
7	铺 200×200×60 透水砖	m^2		
8	二、火烧板路面			
9	挖路槽	m^3		
10	200 厚粗沙垫层	m^3		
11	150 厚 C15 混凝土垫层	m^2		
12	花岗岩边石 500×100×100	m		
13	50 厚 1∶3 干硬性水泥砂浆	m^2	定额包含了 20 厚砂浆的费用，因此要扣除	
14	铺 300×600×30 火烧板	m^2		
15	三、炭化木地板			
16	挖路槽	m^3		
17	200 厚粗沙垫层	m^3		
18	100 厚 C15 混凝土垫层	m^3		
19	20 厚 1∶3 水泥砂浆找平	m^2		
20	铺设 120×30 炭化木地板	m^2		
21	刷油	m^2		
22	四、卵石路面			
23	挖路槽	m^3		
24	200 厚碎石垫层	m^3		
25	150 厚 C15 混凝土垫层	m^3		
26	花岗岩边石 500×100×100	m		

续表

序号	项目名称	单位	计算公式	工程数量
27	50 厚 1∶3 水泥砂浆嵌粒径为 20~30 卵石	m^2		
28	安装 100×50 防腐木龙骨	m^2		
29	五、步石			
30	挖路槽	m^3		
31	200 厚粗沙垫层	m^3		
32	安装 300×600×50 山东黄锈石	m^2		

计算：　　核对：　　复核：

说明：室外木地板龙骨费用已经包含在地板铺设内，所以龙骨不再单独列项。

2. 列出工程量计算公式（见表 2—6）

表 2—6　　工程量计算表

工程名称：　　年　月　日

序号	项目名称	单位	计算公式	工程数量
1	一、透水砖路面			
2	挖路槽	m^3	$V=S_{底}\times H$	
3	200 厚粗沙垫层	m^3	$V=S_{底}\times H$	
4	150 厚 C15 混凝土垫层	m^3	$V=S_{底}\times H$	
5	花岗岩边石 500×100×100	m		
6	50 厚 1∶3 干硬性水泥砂浆	m^2	定额包含了 20 厚砂浆的费用，因此要扣除	
7	铺 200×200×60 透水砖	m^2		
8	二、火烧板路面			
9	挖路槽	m^3	$V=S_{底}\times H$	
10	200 厚粗沙垫层	m^3	$V=S_{底}\times H$	
11	150 厚 C15 混凝土垫层	m^2	$V=S_{底}\times H$	
12	边石 500×100×100	m		
13	50 厚 1∶3 干硬性水泥砂浆	m^2	定额包含了 20 厚砂浆的费用，因此要扣除	
14	铺 300×600×30 火烧板	m^2		
15	三、炭化木地板			
16	挖路槽	m^3	$V=S_{底}\times H$	
17	200 厚粗沙垫层	m^3	$V=S_{底}\times H$	

续表

序号	项目名称	单位	计算公式	工程数量
18	100 厚 C15 混凝土垫层	m^3	$V=S_{底}\times H$	
19	20 厚 1∶3 水泥砂浆找平	m^2	$S=W\times L$	
20	铺设 120×30 炭化木地板	m^2		
21	刷油	m^2		
22	四、卵石路面			
23	挖路槽	m^3	$V=S_{底}\times H$	
24	200 厚碎石垫层	m^3	$V=S_{底}\times H$	
25	150 厚 C15 混凝土垫层	m^3	$V=S_{底}\times H$	
26	花岗岩边石 500×100×100	m		
27	50 厚 1∶3 水泥砂浆嵌粒径为 20～30 卵石	m^2	$S=W\times L$	
28	五、步石			
29	挖路槽	m^3	$V=S_{底}\times H$	
30	200 厚粗沙垫层	m^3	$V=S_{底}\times H$	
31	20 厚 1∶3 水泥砂浆粘贴 300×600×50 山东黄锈石	m^2		

计算：　　　　　　　　　　核对：　　　　　　　　　　复核：

注：$W\times L$ 表示宽 × 长，$S\times H$ 表示底面积 × 换土厚度。

3. 计算工程量（见表 2—7）

表 2—7　　　　　　　　　　**工程量计算表**

工程名称：　　　　　　　　　　　　　　　　　　　　年　月　日

序号	项目名称	单位	计算公式	工程数量
1	一、透水砖路面			
2	挖路槽	m^3	$V=S_{底}\times H=23.7\times 0.456\approx 10.81\ m^3$	10.81
3	200 厚粗沙垫层	m^3	$V=S_{底}\times H=23.7\times 0.2=4.74\ m^3$	4.74
4	150 厚 C15 混凝土垫层	m^3	$V=S_{底}\times H=23.7\times 0.15\approx 3.56\ m^3$	3.56
5	花岗岩边石 500×100×100	m		70.1
6	50 厚 1∶3 干硬性水泥砂浆	m^2	定额包含了 20 厚砂浆的费用，因此要扣除	23.7
7	铺 200×200×60 透水砖	m^2		23.7
8	二、火烧板路面			

续表

序号	项目名称	单位	计算公式	工程数量
9	挖路槽	m^3	$V=S_{底}\times H=76.4\times 0.43\approx 32.85\ m^3$	32.85
10	200 厚粗沙垫层	m^3	$V=S_{底}\times H=76.4\times 0.2=15.28\ m^3$	15.28
11	150 厚 C15 混凝土垫层	m^2	$V=S_{底}\times H=76.4\times 0.15=11.46\ m^3$	11.46
12	花岗岩边石 500×100×100	m		58.4
13	50 厚 1：3 干硬性水泥砂浆	m^2	定额包含了 20 厚砂浆的费用，因此要扣除	76.4
14	铺 300×600×30 火烧板	m^2		76.4
15	三、炭化木地板			
16	挖路槽	m^3	$V=S_{底}\times H=33.71\times 0.3\approx 10.11\ m^3$	10.11
17	200 厚粗沙垫层	m^3	$V=S_{底}\times H=33.71\times 0.2\approx 6.74\ m^3$	6.74
18	100 厚 C15 混凝土垫层	m^3	$V=S_{底}\times H=33.71\times 0.1\approx 3.37\ m^3$	3.37
19	20 厚 1：3 水泥砂浆找平	m^2	$S=W\times \mathrm{L}$	33.71
20	铺设 120×30 炭化木地板	m^2		33.71
21	刷油	m^2		33.71
22	四、卵石路面			
23	挖路槽	m^3	$V=S_{底}\times H=6\times 0.4=2.4\ m^3$	2.4
24	200 厚碎石垫层	m^3	$V=S_{底}\times H=6\times 0.2=1.2\ m^3$	1.2
25	150 厚 C15 混凝土垫层	m^3	$V=S_{底}\times H=6\times 0.15=0.9\ m^3$	0.9
26	花岗岩边石 500×100×100	m		8
27	50 厚 1：3 水泥砂浆嵌粒径为 20~30 卵石	m^2	$S=W\times L$	6
28	五、步石			
29	挖路槽	m^3	$V=S_{底}\times H=6.25\times 0.24=1.5\ m^3$	1.5
30	200 厚粗沙垫层	m^3	$V=S_{底}\times H=6.25\times 0.2=1.25\ m^3$	1.25
31	20 厚 1：3 水泥砂浆粘贴 300×600×50 山东黄锈石	m^2		6.25

计算：　　　　　　　　　　　核对：　　　　　　　　　　　复核：

4. 调整单位

将计算出的工程量单位调整为与定额中的单位一致。

5. 校核

专人核对列项和工程量计算是否准确，避免重复和漏项。

思考与练习

1. 简述园路工程工程量的计算规则。
2. 简述园路工程工程量的计算步骤。

任务三　花架工程工程量计算

任务目标

◇掌握花架工程中土方项目工程量计算规则，会计算土方工程量
◇掌握花架工程中混凝土项目工程量计算规则，会计算混凝土工程量

任务提出

根据图 2—5 所示的花架施工图，计算混凝土花架工程工程量。

任务分析

花架工程施工图预算的关键在于工程量的计算，通过钢筋混凝土花架工程量的计算学会土方工程量和混凝土工程及钢筋工程工程量的计算方法。

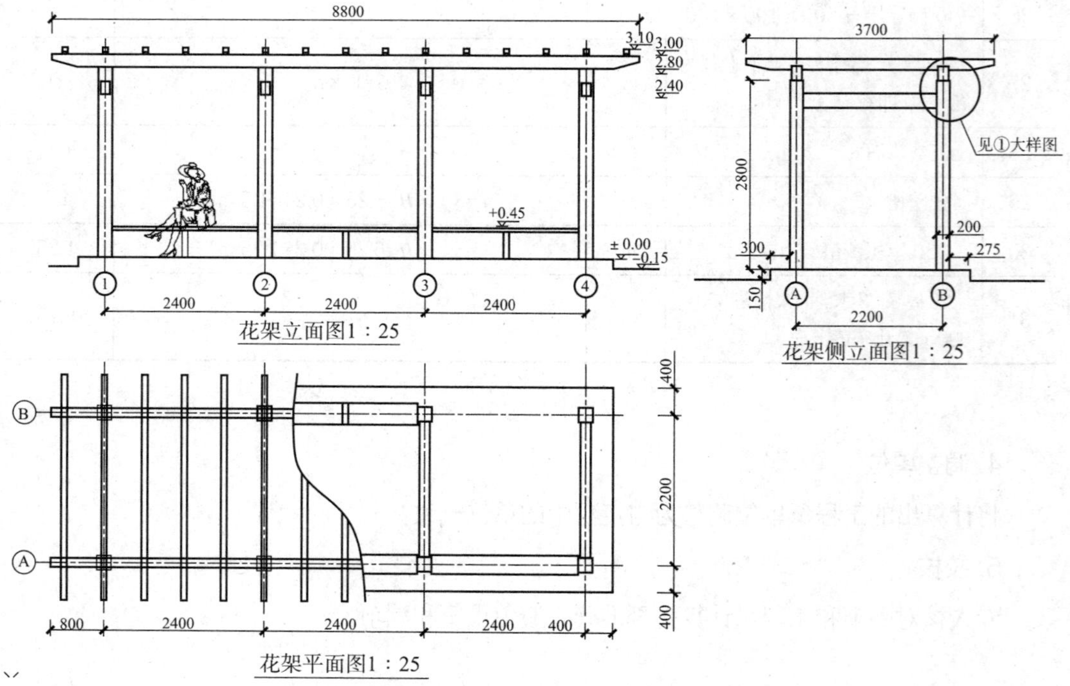

花架立面图1：25

花架侧立面图1：25

花架平面图1：25

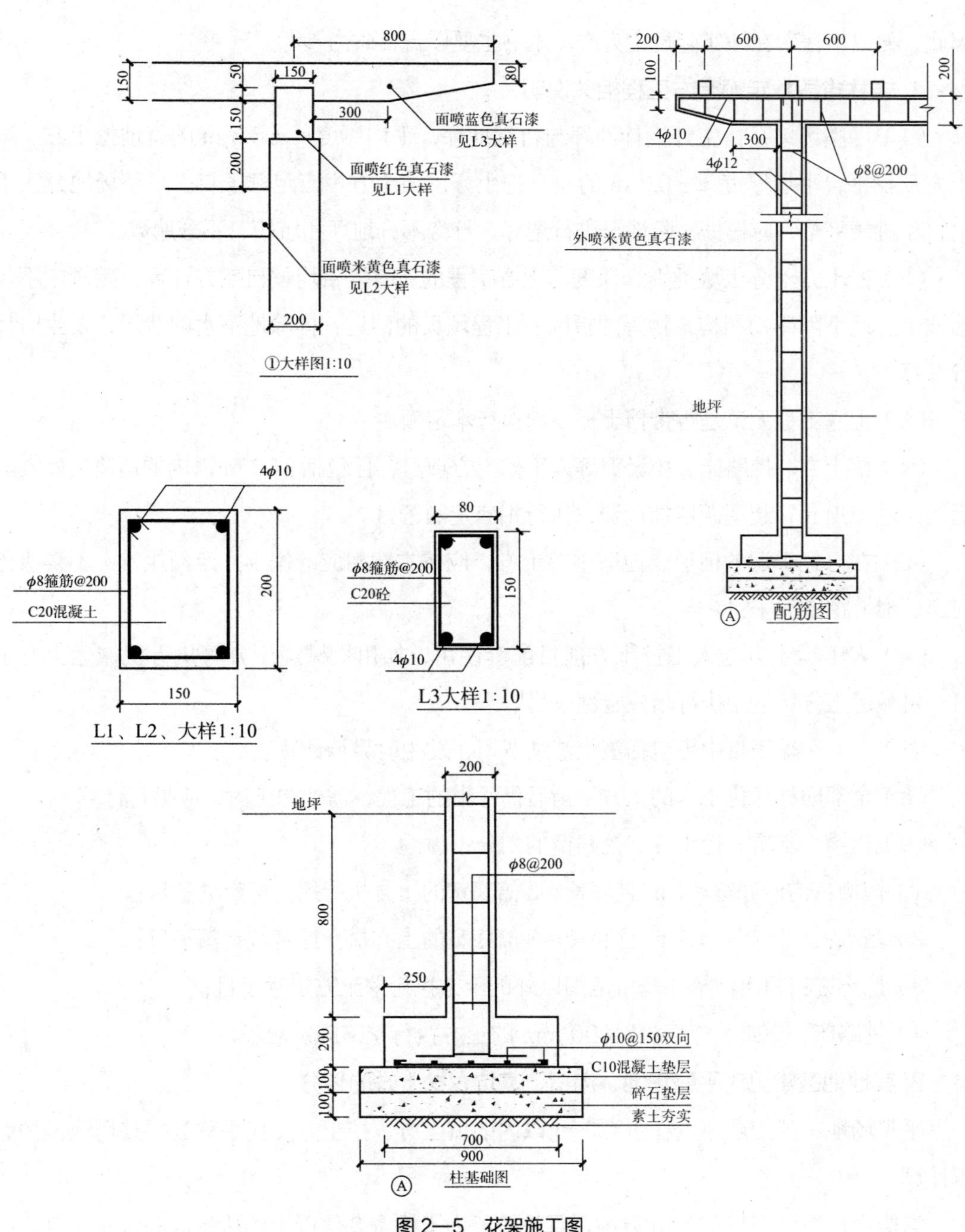

图 2—5　花架施工图

相关知识

一、土方工程工程量计算基础知识

土方工程一般包括平整场地、沟槽、基坑、挖土方等项目，不同领域及不同地区对平整场地、沟槽、基坑、挖土方的定义有一定的差异，市政工程和土建工程定义也不一样。

因此，要以工程所在地实际规定为准。本书主要以吉林省为参考。

1. 吉林省园林定额土方工程相关说明

（1）平整场地是指室外设计地坪与自然地坪，平均厚度≤ ±0.3 m 的就地挖土方、填土方及找平，平均厚度 > ±0.3 m 的执行挖土方、填土方相应定额子目。平整场地分人工平整和机械平整，应根据实际情况进行选择。打夯不分地坪和坑槽，不分遍数。

（2）挖土方不分土壤类别、深度。土方工程的所有子目均按自然方计算。定额中不包括地上、地下障碍物和构筑物等的拆除、工程垃圾的清运、排除地下水的费用，发生时另行计算。

（3）土方工程无论是否带挡土板，均执行本定额。

（4）挖土方、挖路床、挖淤泥等人工挖土方项目，已包括 100 m 以内的运输，如实际运距超过 100 m，超运距增加运费，执行相应定额子目。

（5）在已经干涸的河道、池塘中挖土方，应按本章相应的挖土方定额执行，不得执行河道、池塘挖淤泥子目。

（6）人工运土方与人工挖土方项目配套使用，如用机械运土方可执行机械运土方子目，机械运土方按运距执行相应定额子目。

（7）土方运输子目中不包括渣土消纳费用，发生时另行计算。

（8）全部园林绿化工程的土方平衡后仍亏土的工程，需外购土时，应另行计算。

（9）沟槽、基坑、挖土方、挖路槽的划分：

1）沟槽：沟槽底宽≤7 m 且底长 > 3 倍底宽的土方执行挖沟槽定额子目；

2）基坑：坑底底宽≤7 m 且底长≤3 倍底宽的土方执行挖基坑定额子目；

3）挖土方：超出沟槽和基坑范围以外的土方执行挖土方定额子目；

4）挖路床：道路、广场深≤800 mm 的土方执行挖路床定额子目。

2. 其他地区常见对平整场地、沟槽、基坑、挖土方的划分

平整场地：凡土层厚度在 ±0.3 m 以内的填土方、挖土方及找平称为平整场地，按面积计算。

沟槽：凡沟槽底宽在 3 m 以内，且沟槽长大于槽宽 3 倍以上的执行沟槽定额子目，按体积计算。

基坑：凡坑底面积在 20 m^2 以内的执行基坑定额子目，以体积计算。

挖土方：凡挖沟槽底宽在 3 m 以上，基坑底面积在 20 m^2 以上，平整场地厚度在 ±0.3 m 以上，均按挖土方计算，按体积计算。

平整场地、沟槽、基坑、挖土方的关系可以用表 2—8 表示。

表 2—8　　平整场地、沟槽、基坑、挖土方的划分

区别条件 项目	坑底面积（m^2）	槽底宽度（m）	备注
平整场地	凡土层厚度在 ±0.3 m 以内的填土方、挖土方及找平		
沟槽		≤3	
基坑	≤20		
挖土方	>20	>3	

3. 挖沟槽、基坑工程量计算

（1）计算挖沟槽的土方工程量　某园林建筑小品毛石基础结构图如图 2—6 所示，其中 a=780，c=150，H=1.2，其土方工程量计算方式如下。

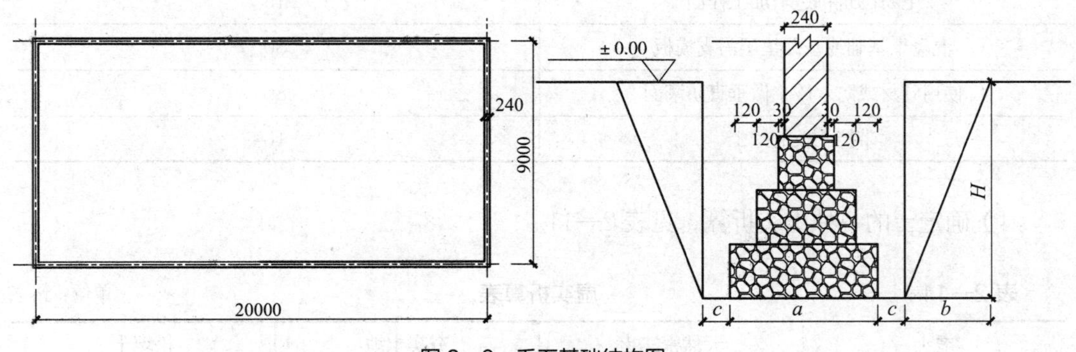

图 2—6　毛石基础结构图

1）确定土壤类别。土壤的种类有很多，不同种类的土壤物理性质各不相同，而土壤的物理性质直接影响土石方工程的施工方法，不同的土壤所消耗的人工、机械台班有很大差别，综合反映的施工费用也不同，因此，只有正确区分土方的类别，才能准确套用定额计算土方工程费用。根据地质勘测资料可将土壤分为四类，土壤、岩石分类表划分为：表列Ⅰ、Ⅱ类为定额中一、二类土（普坚土）；Ⅲ类为定额中三类土（坚土）；Ⅳ类为定额中四类土（沙砾坚土）。

2）确定放坡尺寸。土方工程施工时，为了防止塌方，保证施工安全，当挖土深度超过一定限度时，应在土方边沿做成具有一定坡度的边坡。

①放坡起点。放坡起点是指对某种土壤类别，挖土深度在一定范围内时可以不放坡，如超过这个范围，则上口开挖宽度必须加大，即放坡。放坡起点应根据土质情况确定，见表 2—9。

②放坡坡度。根据土质情况，在挖土深度超过放坡起点限度时，在土方边沿做成具有一定坡度的边坡。土方边坡的坡度以其高度 H 与底边 b 之比表示，放坡系数用“K”表示。

表 2—9　　挖土方放坡系数表

土壤类别	人工挖土放坡系数	放坡起点深度（m）
一、二类土	0.5	1.20
三类土	0.33	1.50
四类土	0.25	2.00

3）确定工作面尺寸。工作面是指在基坑内施工时，在基础宽度以外还需加工作面，其宽度应根据施工组织设计确定，若无规定时，可按表 2—10 中增挖土宽度确定。

表 2—10　　工作面参照表

基础工程施工项目	每边增加工作面（cm）
毛石砌筑每边增加工作面	15
混凝土基础或基础垫层需支模板	30
使用卷材或防水砂浆做垂直防潮面	80
带挡土板的挖土	10

4）确定土的各种虚实折算，见表 2—11。

表 2—11　　虚实折算表　　单位：m

虚土	天然密实土	夯实土地	松填土
1.00	0.77	0.67	0.83
1.30	1.00	0.87	1.08
1.50	1.15	1.00	1.25
1.20	0.92	0.80	1.00

5）计算土方工程量

①土壤为三类土时，不放坡、有工作面时挖沟槽的工程量 V_1。

根据表 2—9、表 2—10 土方工程量计算规则及相关规定可知：

三类土放坡起点为 1.5 m，基础深为 1.2 m，故沟槽可不放坡；毛石基础的工作面为 15 cm。

外墙沟槽（地槽）长度按其中心线长度计算，可知沟槽长度为：

$$L=(20+9)\times 2-0.24\times 4=57.04\ \text{m}$$

注：0.24×4 为 1/2 砖墙四个墙角重叠尺寸。

因此，土壤为三类土时，不放坡、有工作面时挖沟槽的工程量 V_1 计算公式如下：

$$V_1=(a+2c)\times H\times L=(0.78+2\times 0.15)\times 1.2\times 57.04\approx 73.92\ \text{m}^3$$

②土壤为一、二类土时，放坡、有工作面时挖沟槽的工程量 V_2。

根据表 2—9、表 2—10 土方工程量计算规则及相关规定可知：一、二类土放坡起点为 1.2 m，基础深为 1.2 m，故沟槽需放坡，坡度系数 0.5。因此，土壤为一、二类土时，放坡、有工作面时挖沟槽的工程量 V_2 计算公式如下：

$$V_2 = (a+2c+KH)\times H\times L=(0.78+2\times 0.15+0.5\times 1.2)\times 1.2\times 57.04\approx 114.99\ \mathrm{m}^3$$

（2）计算挖基坑的土方工程量　如图 2—7 所示为某单柱花架混凝土基础矩形，已知：a=1 000 mm，b=1 000 mm，c=300 mm，H=2 000 mm，K=0.5，其土方工程量计算方式如下。

放坡的矩形基坑土方工程量计算。

$$V=(a+2c+KH)(b+2c+KH)H+\frac{1}{3}K^2H^3$$

式中 $\frac{1}{3}K^2H^3$ 值为基坑四角的锥体体积，如图 2—8 所示。四角的角锥体积可按预算手册中的角锥体积表计算。

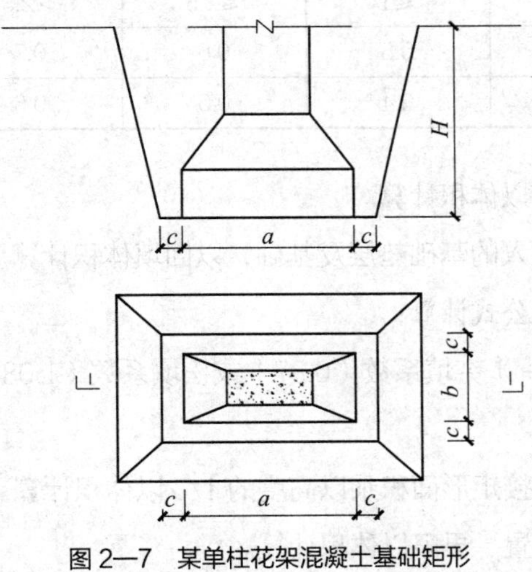

图 2—7　某单柱花架混凝土基础矩形

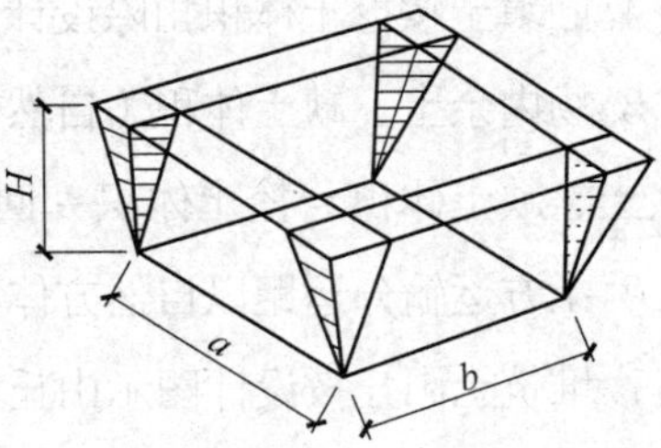

图 2—8　基坑四角的锥体

矩形基坑的土方工程量：

$$V=(a+2c+KH)(b+2c+KH)H+\frac{1}{3}K^2H^3$$
$$=(1+0.3\times 2+0.5\times 2)(1+0.3\times 2+0.5\times 2)\times 2+\frac{1}{3}\times 0.5^2\times 2^3$$
$$=14.19\ \mathrm{m}^3$$

二、土方工程量计算规则

1. 平整场地。园路、园桥、花架、亭廊分别按路面、花架亭廊柱外皮间的面积计算；

水池、假山按其底面积计算。

2. 挖土方。基础挖土方按挖土底面积乘以挖土深度以体积计算。

（1）人工挖土方、基坑、沟槽按图示基础垫层面积、工作面、挖深及放坡以体积计算。

（2）挖填土的起点，应以设计地坪的标高为准，如设计地坪与自然地坪的高差在 ±0.3 m 以上时，则按自然地坪标高计算。

（3）挖沟槽长度，外墙按图示中心线长度计算；内墙按图示基础底面之间净长线长度计算；内外突出部分（垛、附墙烟囱等）体积并入沟槽土方工程量内计算。

（4）挖管道沟槽按图示中心线长度计算，沟底增加宽度按设计规定计算，无设计规定的按表 2—12 计算。各种检查井及管道接口加宽增加量按土方总量的 2.5% 计算。

表 2—12　　　　　　　　**挖管道沟槽工作面表**

管道材质	管道直径（m）			
	≤0.5	≤1	≤2.5	>2.5
混凝土及钢筋混凝土管道（m）	0.4	0.5	0.6	0.7
其他材质管道（m）	0.3	0.4	0.5	0.6

3. 路槽挖土按图示垫层外皮尺寸乘以厚度以体积计算。

4. 回填土按挖土体积扣除设计地坪以下埋入的基础垫层及基础，以回填体积计算。

5. 场内余土、缺土体积（自然方）按以下公式计算：

余土、缺土体积 = 挖土体积 - 回填土体积 ÷［夯填系数（0.87）或松填系数（1.08）］

6. 土方运输分运距以自然方体积计算。

7. 堆筑土山丘按设计图示山丘水平投影外接矩形面积乘以高度的 1/3 以体积计算。

8. 河道、池塘挖淤泥及运输按设计图示位置、界限以体积计算。

三、混凝土工程量计算规则

1. 混凝土和钢筋混凝土以体积为计算单位的各种构件，均根据图示尺寸以构件的实际体积计算，不扣除其中的钢筋、铁件、螺栓和预留螺栓孔洞所占的体积。

2. 基础垫层与基础的划分。混凝土的厚度在 12 cm 以内的为垫层，执行基础定额。

3. 基础

（1）带形基础：凡在墙下的基础或柱与柱之间与单独基础相连接的带形结构，统称为带形基础，执行带形基础定额。与带形基础相连的杯形基础，执行杯形基础定额。

（2）独立基础：包括各种形式的独立柱和柱墩，独立基础的高度按图示尺寸计算。

（3）满堂基础：底板定额适用于无梁式和有梁式满堂基础的底板。有梁式满堂基础中的梁、柱另按相应的基础梁或柱的定额执行。梁只计算突出基础的部分，伸入基础底板部分，并入满堂基础底板工程量内。

4. 柱

（1）柱高按柱基础表面算至柱顶面的高度。

（2）依附于柱上的云头、梁垫的体积另列项目计算。

（3）多边形柱，按相应的圆柱定额执行，其规格按断面对角线长套用定额。

（4）依附于柱上的牛腿的体积，应并入柱身体积计算。

5. 梁

（1）梁的长度。梁与柱交接时，梁长应按柱与柱之间的净距计算，次梁与主梁或柱交接时，次梁的长度算至柱侧面或主梁侧面的净距。梁与墙交接时，伸入墙内的梁头应包括在梁的长度内计算。

（2）梁头处如有浇制垫块者，其体积并入梁内一起计算。

（3）凡加固墙身的梁均按圈梁计算。

（4）戗梁按设计图示尺寸以体积计算。

（5）板。按设计图示面积乘以板厚以面积计算，不扣除单个面积 0.3 m^2 以内的空洞所占体积。

四、装饰工程量计算规则

1. 抹灰按展开面积以平方米计算。

2. 喷涂按设计图示尺寸展开面积以平方米计算。

五、钢筋工程量计算规则

1. 钢筋加工、制作分不同规格按设计图示钢筋（网）中心线长度和因定尺长度引起的搭接长度乘以钢筋单位理论质量计算。

2. 箍筋或分布钢筋等按间距计算的钢筋数量按间距数量向上取整加 1 计算。

3. 除发、承包双方另有约定外，钢筋定尺长度一律按 9 m 计算。

4. 预埋铁件按设计图示尺寸以质量计算。

六、措施项目

1. 脚手架工程

花架的脚手架可以借用叠山、池山、盆景山、塑假山的脚手架工程，按外围水平投影最大矩形面积计算。

2. 模板

模板工程量均按相应混凝土构件工程量以体积计算。

任务实施

一、花架施工工艺流程

施工准备工作→定点、放线→柱子基础施工→柱子施工→梁施工→檩条施工→饰面。

二、花架工程量计算

1. 列项

根据花架工程施工图，参照预算定额的分部分项工程划分，列出分部分项子目的名称。所列的分项工程项目名称必须与预算定额中相应项目名称一致，将列项填入工程量计算表，见表 2—13。

表 2—13　　工程量计算表

序号	分项工程名称	单位	计算公式	工程数量	备注
1	1. 平整场地	m^2			
2	2. 基础				
3	挖基坑	m^3			
4	碎石垫层	m^3			
5	混凝土垫层	m^3			
6	混凝土基础	m^3			
7	回填土	m^3			
8	3. 柱				
9	钢筋混凝土柱	m^3			
10	1：3 水泥砂浆找平	m^2			
11	饰面米黄色真石漆	m^2			
12	4. 梁				
13	钢筋混凝土梁	m^3			
14	1：3 水泥砂浆找平	m^2			
15	饰面红色真石漆	m^2			
16	饰面黄色真石漆	m^2			
17	5. 檩条				

续表

序号	分项工程名称	单位	计算公式	工程数量	备注
18	钢筋混凝土檩条	m^3			
19	1：3 水泥砂浆找平	m^2			
20	饰面蓝色真石漆	m^2			
21	6. 钢筋				
22	ϕ12	t			
23	ϕ10	t			
24	ϕ8	t			
25	7. 模板	m^3			
26	8. 坐凳板	m^3			含凳腿

2. 列出工程量计算公式

分项工程项目名称列出后，根据花架施工图纸所示的部位、尺寸和数量，按照工程量计算规则（各类工程的工程量计算规则见工程预算定额有关说明），分别列出工程量计算公式，填入表 2—14。

3. 计算工程量

（1）平整场地　按花架柱外皮间的面积计算。

$$L=2.4\times3=7.2\ \text{m}\qquad W=2.2\ \text{m}$$

$$S=\text{建筑面积}（S_{\text{建}}）=W\times L=7.2\times2.2=15.84\ \text{m}^2$$

（2）柱基础

1）挖基坑。根据图 2—5 所示花架施工图中柱基结构大样图，可知该施工场地的土壤为三类土，H=1.25 m、a=b=0.9 m，挖深小于 1.5 m 不需要放坡。计算公式如下：

$$V=S\times H$$

H 表示基坑深，S 表示坑底面积，a 表示基坑长，b 表示基坑宽。可知：

$$V=S\times H=0.9\times0.9\times1.2\approx0.97\ \text{m}^3$$

根据图 2—5 所示花架平面图可知共有 8 个基坑。因此，挖基坑的土方工程量为：

$$V_{\text{土}}=0.97\times8=7.76\ \text{m}^3$$

2）碎石垫层。根据图 2—5 所示花架施工图中柱基础图可知碎石垫层 a=b=0.9 m，碎石垫层厚 h=0.1 m，共有 8 个基坑。

$$V_{\text{碎}}=S_{\text{底}}\times h\times8=0.9\times0.9\times0.1\times8\approx0.65\ \text{m}^3$$

3）混凝土垫层。混凝土垫层 a=b=0.9 m，碎石垫层厚 h=0.1 m，共有 8 个基坑。

$$V_{\text{混凝土}}=S_{\text{底}}\times h\times8=0.9\times0.9\times0.1\times8\approx0.65\ \text{m}^3$$

4）钢筋混凝土基础。

$$V_1=S_{底}\times h\times 8=0.7\times 0.7\times 0.2\times 8=0.784\ m^3$$

工程量计算规则规定 ±0.00 以下柱体可计入基础，所以，$V_2=0.2\times 0.2\times 0.8\times 8=0.256\ m^3$

因此，钢筋混凝土基础 $V_{基}=V_1+V_2=0.784+0.256=1.04\ m^3$

5）回填土。V= 挖基坑 - 基础 =7.76-（0.65+0.65+1.04）=5.42 m^3

（3）柱　由图 2—5 花架施工图可知：

钢筋混凝土柱工程量按图示尺寸以体积计算，单位为 m^3。

$$V_{柱}=S_{断}\times H\times 8=0.2\times 0.2\times 2.8\times 8=0.896\ m^3$$

1：3 水泥砂浆找平工程量按图示尺寸以面积计算，单位为 m^2。

$$S_{体}=(0.2+0.2)\times 2\times 2.8\times 8=17.92\ m^2$$

饰面米黄色真石漆工程量按图示尺寸以面积计算，单位为 m^2。

$$S_{饰}=(0.2+0.2)\times 2\times 2.8\times 8=17.92\ m^2$$

（4）梁　由图 2—5 花架施工图可知：

钢筋混凝土梁工程量按图示尺寸以体积计算，单位为 m^3。

$$V\times L_1=0.2\times 0.15\times 8.8\times 2=0.528\ m^3$$

$$V\times L_2=0.2\times 0.15\times 2\times 4=0.24\ m^3$$

$$V_{梁}=V\times L_1+V\times L_2=0.528+0.24=0.768\ m^3$$

1：3 水泥砂浆找平工程量按图示尺寸以面积计算，单位为 m^2。

$$S_{梁}=S_{梁1}+S_{梁2}=(0.2+0.15)\times 2\times 8.8\times 2+(0.2+0.15)\times 2\times 2\times 4=17.92\ m^2$$

饰面真石漆工程量按图示尺寸以面积计算，单位为 m^2。

$$S_{红}=S_{梁1}=(0.2+0.15)\times 2\times 8.8\times 2=12.32\ m^2$$

$$S_{黄}=S_{梁2}=(0.2+0.15)\times 2\times 2\times 4=5.6\ m^2$$

（5）檩条　由图 2—5 花架施工图可知：

钢筋混凝土檩条工程量按图示尺寸以体积计算，单位为 m^3。

$$V_{檩}=S_{断}\times L\times 根数=0.15\times 0.08\times 3.7\times 15=0.666\ m^3$$

1：3 水泥砂浆找平工程量按图示尺寸以面积计算，单位为 m^2。

$$S_{檩}=(0.15+0.08)\times 2\times 3.7\times 15=25.53\ m^2$$

饰面蓝色真石漆工程量按图示尺寸以面积计算，单位为 m^2。蓝色真石漆工程量等于檩条水泥砂浆找平的工程量。

$$S_{饰}=(0.15+0.08)\times 2\times 3.7\times 15=25.53\ m^2$$

（6）钢筋　由图 2—5 花架施工图可知：

钢筋工程量应区别不同品种和规格，分别按设计图示钢筋长度乘以单位理论质量计算。在园林中钢筋的工程量较小，因此可以不考虑钢筋弯的尺寸，按构件尺寸计算即可，单位为 t。

ϕ12：

$$柱\ L=（2.8+0.8+0.2）\times 4\times 8=121.6\ \text{m}$$

查圆钢理论质量表得，ϕ12 单位理论质量为 0.888 kg/m。

ϕ12 钢筋质量：121.6×0.888≈107.98 kg≈0.11 t

ϕ10：

$$梁\ L=8.8\times 4\times 2+2.2\times 4\times 4=105.6\ \text{m}$$

$$基础\ L=0.7\times 5\times 2\times 8=56\ \text{m}$$

$$檩条\ L=3.7\times 4\times 15=222\ \text{m}$$

小计：105.6+56+222=383.6 m

查圆钢理论质量表得，ϕ10 单位理论质量为 0.617 kg/m。

ϕ10 钢筋质量：383.6×0.617≈236.68 kg≈0.237 t

ϕ8：箍筋或分布钢筋等按间距计算的钢筋数量按间距数量向上取整加 1 计算。

柱

$$柱长=2.8+0.8+0.2=3.8\ \text{m}$$

$$柱箍筋长度=柱的周长=（0.2+0.2）\times 2=0.8\ \text{m}$$

$$柱箍筋根数=\frac{柱长}{箍筋间距}+1=\left(\frac{3.8}{0.2}+1\right)=20\ 根$$

$$柱箍筋总长度\ L=\left(\frac{2.8+0.8+0.2}{0.2}+1\right)\times（0.2+0.2）\times 2\times 8=128\ \text{m}$$

梁

$$L_1\ 长=8.8\ \text{m}$$

$$L_1\ 箍筋长=（0.15+0.2）\times 2$$

$$L_1\ 箍筋根数=\frac{梁长}{箍筋间距}+1$$

$$L_1\ 箍筋总长度\ L_1=\left(\frac{8.8}{0.2}+1\right)\times（0.15+0.2）\times 2=31.5\ \text{m}$$

$$L_2\ 长=2.2\ \text{m}$$

$$L_2\ 箍筋长=（0.15+0.2）\times 2$$

$$L_2 \text{箍筋根数} = \frac{\text{梁长}}{\text{箍筋间距}} + 1$$

$$L_2 \text{箍筋总长度} L_2 = \left(\frac{2.2}{0.2} + 1\right) \times (0.15+0.2) \times 2 \times 4 = 33.6 \text{ m}$$

檩条 L_3

$$L_3 \text{长} = 3.7 \text{ m}$$

$$L_3 \text{箍筋长度} = L_3 \text{的周长} = (0.15+0.08) \times 2$$

$$L_3 \text{箍筋根数} = \frac{L_3 \text{长}}{\text{箍筋间距}} + 1$$

$$L_3 \text{箍筋总长度} L_3 = \left(\frac{3.7}{0.2} + 1\right) \times (0.15+0.08) \times 2 \times 15 = 134.55 \text{ m}$$

小计：128+31.5+33.6+134.55=327.65 m

查圆钢理论质量表得，ϕ8 单位理论质量为 0.395 kg/m。

ϕ8 钢筋质量：327.65×0.395≈129.42 kg≈0.129 t

（7）模板　模板工程量均按相应混凝土构件工程量以体积计算，单位为 m^3。

$$V_{基模} = (0.7 \times 0.7 \times 0.2 + 0.2 \times 0.2 \times 0.8) \times 8 = 1.04 \text{ m}^3$$

$$V_{柱模} = 0.2 \times 0.2 \times 2.8 \times 8 = 0.896 \text{ m}^3$$

$$V_{梁模} = VL_{1模} + VL_{2模} = 0.2 \times 0.15 \times 8.8 \times 2 + 0.2 \times 0.15 \times 2 \times 4 = 0.768 \text{ m}^3$$

$$V_{檩模} = 0.15 \times 0.08 \times 3.7 \times 15 = 0.666 \text{ m}^3$$

（8）坐凳板　$V=2.4 \times 0.3 \times 0.05 \times 6 + 0.3 \times 0.4 \times 0.05 \times 6 = 0.252 \text{ m}^3$

表 2—14　　工程量计算表

序号	分项工程名称	单位	计算公式	工程数量	备注
1	1. 平整场地	m^2	S= 建筑面积（$S_{建}$）$=W \times L=7.2 \times 2.2=15.84$ m^2	15.84	
2	2. 柱基础				
3	挖基坑		$V=S \times H=0.9 \times 0.9 \times 1.2 \approx 0.97$ m^3 $V_{土}=0.97 \times 8=7.76$ m^3	7.76	
4	碎石垫层	m^3	$V_{碎}=S_{底} \times h \times 8=0.9 \times 0.9 \times 0.1 \times 8 \approx 0.65$ m^3	0.65	
5	混凝土垫层	m^3	$V_{混凝土}=S_{底} \times h \times 8=0.9 \times 0.9 \times 0.1 \times 8 \approx 0.65$ m^3	0.65	
6	混凝土基础	m^3	$V_1=S_{底} \times h \times 8=0.7 \times 0.7 \times 0.2 \times 8=0.784$ m^3 $V_2=0.2 \times 0.2 \times 0.8 \times 8=0.256$ m^3 $V_{基}=V_1+V_2=0.784+0.256=1.04$ m^3	1.04	
7	回填土	m^3	V= 挖基坑 − 基础 =7.76−（0.65+0.65+1.04） =5.42 m^3	5.42	
8	3. 柱				

续表

序号	分项工程名称	单位	计算公式	工程数量	备注
9	钢筋混凝土柱	m^3	$V_{柱}=S_{断}\times H\times 8=0.2\times 0.2\times 2.8\times 8=0.896\ m^3$	0.896	
10	1：3 水泥砂浆找平	m^2	$S_{体}=(0.2+0.2)\times 2\times 2.8\times 8=17.92\ m^2$	17.92	
11	饰面米黄色真石漆	m^2	$S_{饰}=(0.2+0.2)\times 2\times 2.8\times 8=17.92\ m^2$	17.92	
12	4. 梁				
13	钢筋混凝土梁	m^3	$V\times L_1=0.2\times 0.15\times 8.8\times 2=0.528\ m^3$ $V\times L_2=0.2\times 0.15\times 2\times 4=0.24\ m^3$ $V_{梁}=V\times L_1+V\times L_2=0.528+0.24=0.768\ m^3$	0.768	
14	1：3 水泥砂浆找平	m^2	$S_{梁}=S_{梁1}+S_{梁2}=(0.2+0.15)\times 2\times 8.8\times 2+$ $(0.2+0.15)\times 2\times 2\times 4=17.92\ m^2$	17.92	
15	饰面红色真石漆	m^2	$S_{红}=S_{梁1}=(0.2+0.15)\times 2\times 8.8\times 2=12.32\ m^2$	12.32	
16	饰面黄色真石漆	m^2	$S_{黄}=S_{梁2}=(0.2+0.15)\times 2\times 2\times 4=5.6\ m^2$	5.6	
17	5. 檩条				
18	钢筋混凝土檩条	m^3	$V_{檩}=S_{断}\times L\times$ 根数 $=0.15\times 0.08\times 3.7\times 15=0.666\ m^3$	0.666	
19	1：3 水泥砂浆找平	m^2	$S_{檩}=(0.15+0.08)\times 2\times 3.7\times 15=25.53\ m^2$	25.53	
20	饰面蓝色真石漆	m^2	$S_{饰}=(0.15+0.08)\times 2\times 3.7\times 15=25.53\ m^2$	25.53	
21	6. 钢筋				
22	ϕ12	t	$121.6\times 0.888\approx 107.96\ kg\approx 0.11\ t$	0.11	
23	ϕ10	t	$383.6\times 0.617\approx 236.68\ kg\approx 0.237\ t$	0.237	0.366
24	ϕ8	t	$327.65\times 0.395\approx 129.42\ kg\approx 0.129\ t$	0.129	
25	7. 模板	m^3			
26	基础	m^3	$V_{基模}=(0.7\times 0.7\times 0.2+0.2\times 0.2\times 0.8)$ $\times 8=1.04\ m^3$	1.04	
27	柱	m^3	$V_{柱模}=0.2\times 0.2\times 2.8\times 8=0.896\ m^3$	0.896	
28	梁、檩条	m^3	$V=V_{梁模}+V_{檩模}=0.768+0.666=1.434\ m^3$	1.434	
29	8. 坐凳板	m^3	$V=2.4\times 0.3\times 0.05\times 6+0.3\times 0.4\times 0.05\times 6=0.252\ m^3$	0.252	含凳腿

4. 调整单位

将计算出的工程量单位调整为与定额单位一致。

5. 校核

计算工程量是园林工程预算的核心，工程量计算结束后，经过校核确认无误后就可以进行工程预算书的填写。

思考与练习

1. 简述钢筋混凝土花架施工工艺流程。

2. 简述土方工程、混凝土工程、钢筋工程、措施项目工程量计算规则。

任务四　木亭工程工程量计算

任务目标

◇掌握木亭工程工程量计算规则

◇能熟练计算木亭工程工程量

任务提出

根据图 2—9 所示木亭施工图，计算木亭工程量。

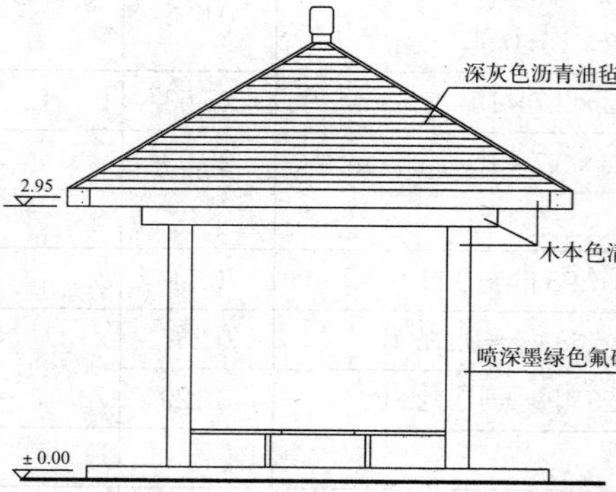

立面图1：50

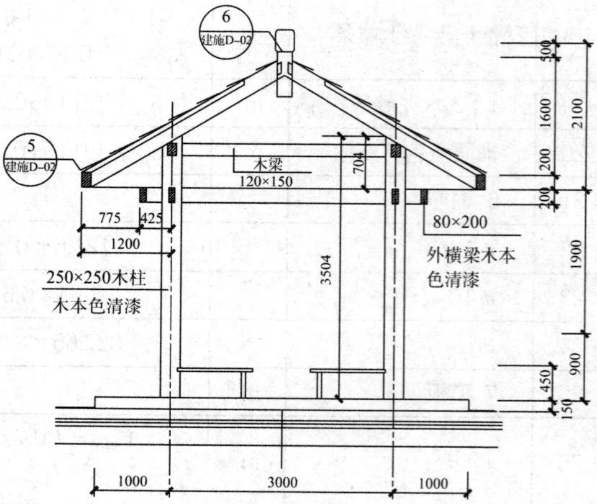

1-1剖面图1：50

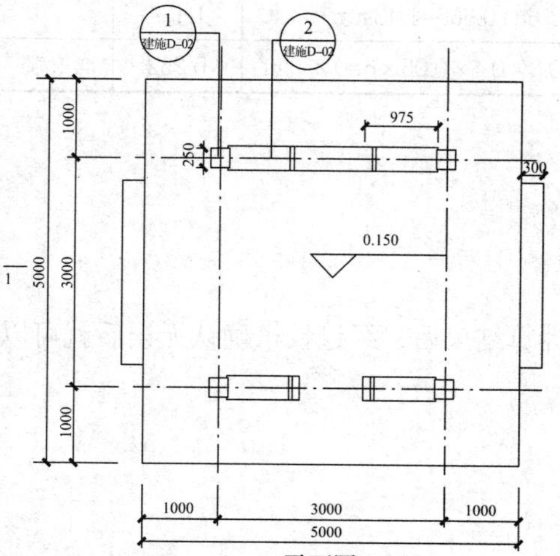

平面图1：50

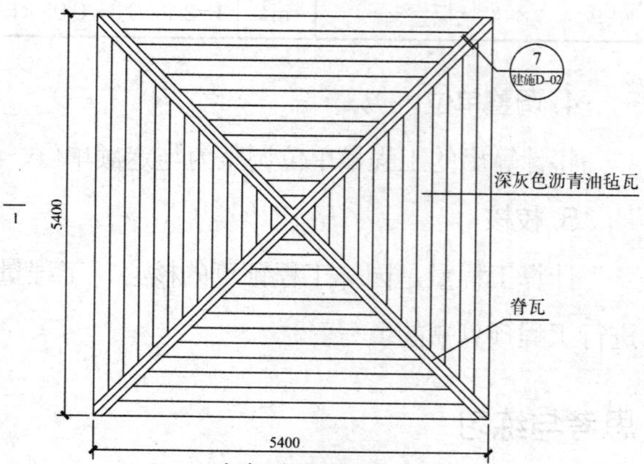

木亭顶平面图1：50

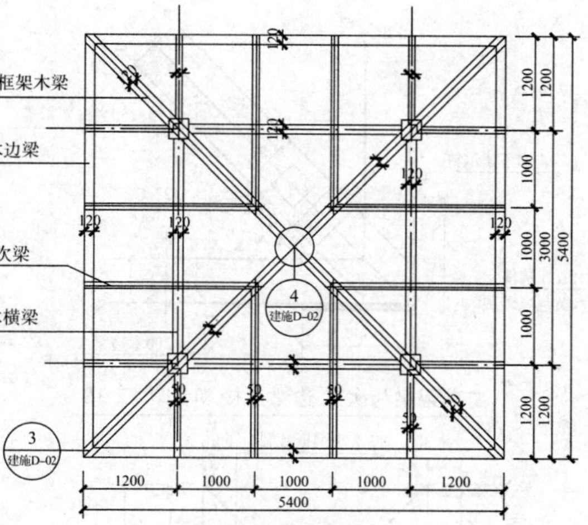
150×250主框架木梁
120×200木边梁
80×120木次梁
120×200木横梁
4
建施D-02
3
建施D-02
1200
1000
1000
1000
1200
5400
3000

亭顶构架平面图1：50

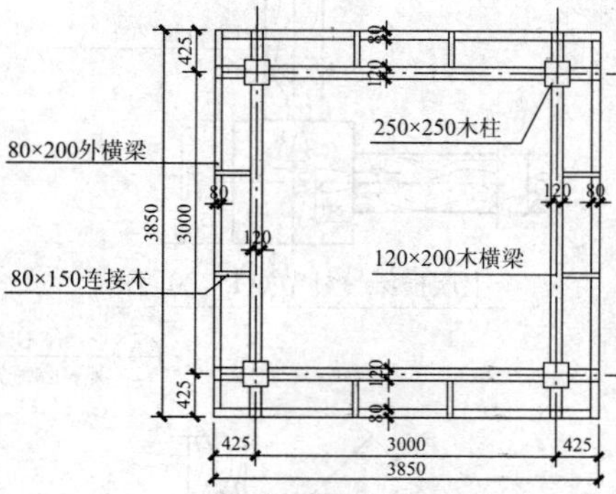
80×200外横梁
250×250木柱
80×150连接木
120×200木横梁
425
3000
425
3850

木框架平面图1：50

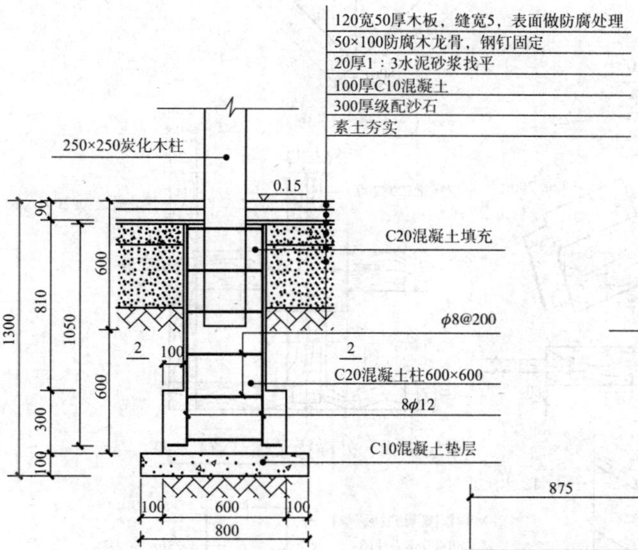
120宽50厚木板，缝宽5，表面做防腐处理
50×100防腐木龙骨，钢钉固定
20厚1：3水泥砂浆找平
100厚C10混凝土
300厚级配沙石
素土夯实
250×250炭化木柱
0.15
C20混凝土填充
ϕ8@200
C20混凝土柱600×600
8ϕ12
C10混凝土垫层
100
600
100
800
1300
810
1050
600
300

凉亭木柱基础详图1：20

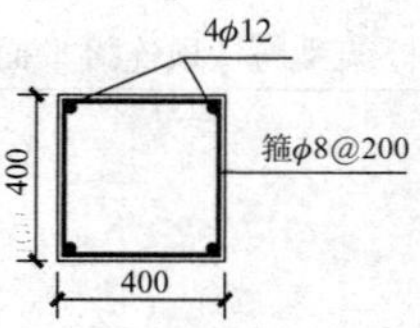
4ϕ12
箍ϕ8@200
400
400

2–2剖面图1：20

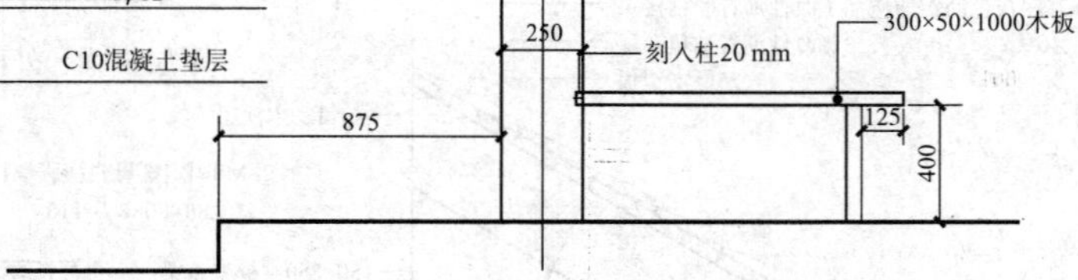
250
刻入柱20 mm
300×50×1000木板
875
125
400

方亭坐凳详图1：50

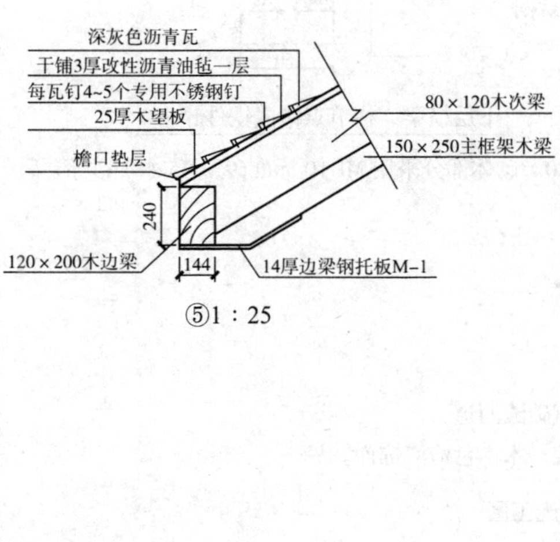
深灰色沥青瓦
干铺3厚改性沥青油毡一层
每瓦钉4~5个专用不锈钢钉
25厚木望板
檐口垫层
80×120木次梁
150×250主框架木梁
240
144
120×200木边梁
14厚边梁钢托板M–1

⑤1：25

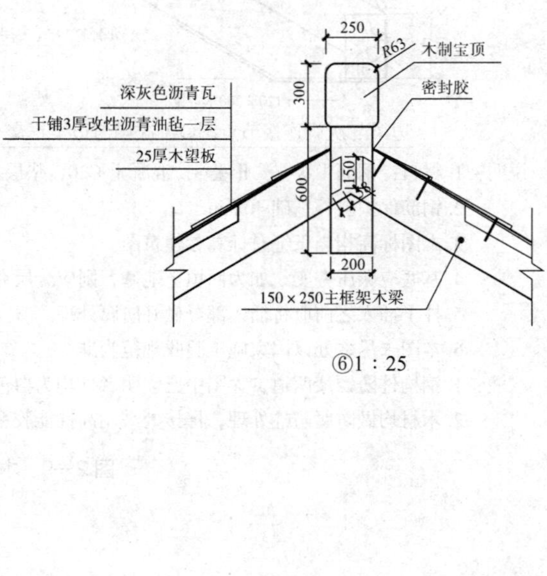
250
R63
木制宝顶
深灰色沥青瓦
密封胶
干铺3厚改性沥青油毡一层
25厚木望板
300
600
150
200
150×250主框架木梁

⑥1：25

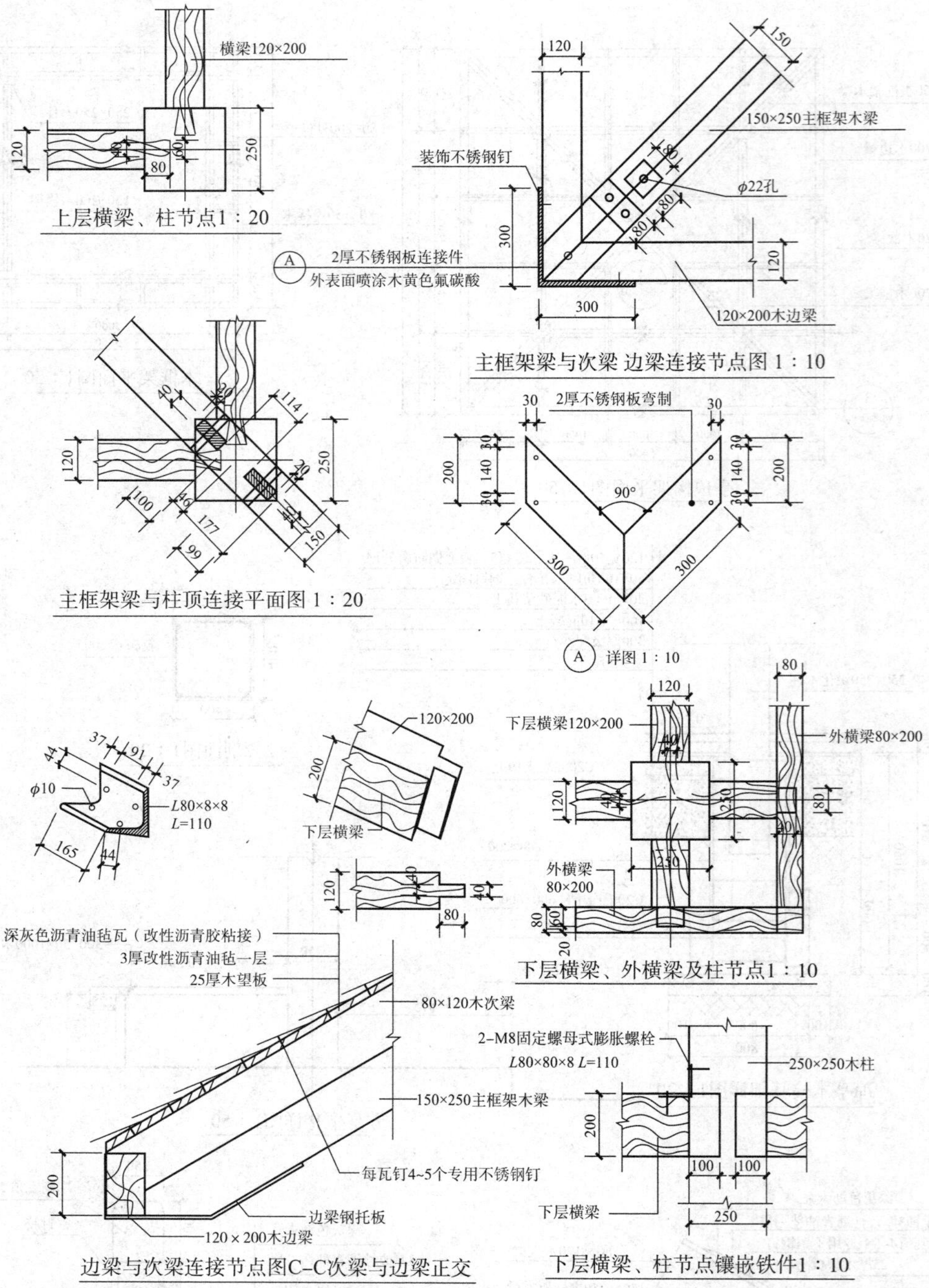

横梁120×200

120　40　60　80　250

上层横梁、柱节点1：20

120　150　150×250主框架木梁

装饰不锈钢钉　80　ϕ22孔　80　80

300　120

A　2厚不锈钢板连接件
外表面喷涂木黄色氟碳酸

300　120×200木边梁

主框架梁与次梁 边梁连接节点图 1：10

40　20　114　120　250　20　20　100　46　177　99　150

主框架梁与柱顶连接平面图 1：20

30　2厚不锈钢板弯制　30

200　30　140　30　90°　30　140　30　200

300　300

A　详图 1：10

44　37　91　37　ϕ10　L80×8×8　L=110　165　44

120×200　200　下层横梁　120　40　40　80

80　120　下层横梁120×200　外横梁80×200

120　40　40　250　80　20　250

外横梁 80×200　80　60　20

下层横梁、外横梁及柱节点1：10

深灰色沥青油毡瓦（改性沥青胶粘接）
3厚改性沥青油毡一层
25厚木望板
80×120木次梁
150×250主框架木梁
每瓦钉4~5个专用不锈钢钉
200
边梁钢托板
120 × 200木边梁

边梁与次梁连接节点图C–C次梁与边梁正交

2–M8固定螺母式膨胀螺栓
L80×80×8 L=110
250×250木柱
200　100　100
下层横梁
250

下层横梁、柱节点镶嵌铁件1：10

说明：1. 材料：钢筋Ⅰ级 –、Ⅱ级 –；混凝土 C20，垫层 C10。砌体部分采用 MU10 标准砖，M5 水泥砂浆。

2. 钢筋保护层：基础 40 mm。

3. 本图标高相当于绝对标高参建筑图。

4. 基底应碾压夯实，如为回填土地基，则应分层夯实。

5. 柱子插入之前应将插入部分做好防腐处理。

6. 本图未尽之处以国家施工验收规范为准。

注：1. 钢构件防锈漆两道，除图中已注明者外均为白色氟碳漆两道。

2. 木材均做防腐防蛀处理，榫接处采用高性能胶粘接。木本色清漆饰面。

图 2—9　木亭施工图

任务分析

如图 2—9 所示木亭全部采用木结构，柱、梁、鱼鳞板、坐凳为红松木，地板采用防腐木。计算木亭工程量关键要知道木构的做法、木构工程量计算规则。

相关知识

一、木构定额释义

1. 定额木材木种分类

一类：红松、水桐木、樟子松。

二类：白松（云杉、冷杉）、杉木、杨木、柳木、椴木。

三类：青松、黄花松、秋子木、马尾松、东北榆木、柏木、苦楝木、梓木、黄波椤、椿木、楠木、柚木、樟木。

四类：柞木、檀木、色木、槐木、荔木、麻栗木、桦木、荷木、水曲柳、华北榆木。

2. 相关说明

（1）定额采用木材木种均以一、二类木种为准，采用三、四类木种时按相应项目人工费和机械费乘以系数 1.35。

（2）定额中所注明的木材断面或厚度均以毛料为准。如设计图纸注明的断面或厚度为净料时，应增加刨光损耗；板、方材一面刨光增加 3 mm，两面刨光增加 5 mm；原木每立方米材积增加 0.05 m^2。

二、木结构工程量计算规则

1. 木制花架、廊架、桁架以体积计算。

2. 木柱、木梁按图示断面尺寸乘以长度以体积计算。

3. 木望板、木檐板按设计图示外围尺寸以面积计算。

4. 天棚安装分不同材质以面积计算。

5. 石片瓦屋面以斜面面积计算。

6. 油毡瓦屋面以斜面面积计算。

7. 屋面脊瓦以长度计算。

8. 木板屋面分平铺和搭接，均按设计图示外围尺寸以面积计算（错缝搭接部分不再二次计算）。

9. 定额规定木龙骨基价可计入木地板中。

10. 木制坐凳面以面积计算。

三、装饰工程量计算规则

油漆、防腐按展开面积计算。

任务实施

一、准备工作

1. 收集资料

准备全套木亭施工图、定额及工程量计算规则。

2. 图纸分析

本工程为木结构亭，木材全部采用老红松（干燥度好，不易变形）。地板采用 120×28×3 000 的防腐木，用自功钉固定，地板留 3 mm 伸缩缝。外露木材表面刷两遍木蜡油。

3. 工艺流程图

平整场地→挖基坑→基础→柱→梁→屋面→地板→装饰。

二、木亭工程量计算

1. 列项

根据木亭工程施工图，参照预算定额的分部分项工程划分和工艺流程，列出分部分项子目的名称。所列的分项工程项目名称必须与预算定额中相应项目名称一致。将确定的分项工程名称填入工程量计算表，见表 2—15。

2. 列出工程量计算公式

分项工程项目名称列出后，根据木亭施工图纸所示的部位、尺寸，按照工程量计算规则（根据本地区各类工程的工程量计算规则，见工程预算定额有关说明），分别列出工程量计算公式，填入表 2—15。

3. 计算工程量

（1）平整场地　亭廊分别按亭廊柱外皮间的面积计算。

$$S=3.25\times 3.25\approx 10.56\ \text{m}^2$$

（2）基础

1）挖基坑。如图 2—9 所示的柱基结构大样图，该施工场地的土壤为三类土，H=1.15 m、a=b=0.8 m，挖深小于 1.5 m 不需要防坡（三类土放坡起点 1.5 m），计算公式如下：

$$V=H\times a\times b$$

H 表示基坑深，a 表示基坑长，b 表示基坑宽。可知：

$$V=H\times a\times b=0.8\times 0.8\times 1.15=0.736\ \text{m}^3$$

由图 2—9 中木亭平面图可知共 4 个基坑。因此，挖基坑的土方工程量为：

$$V_{土}=0.736\times 4\approx 2.94\ \text{m}^3$$

2）混凝土垫层。混凝土垫层 $a=b=0.8$ m，混凝土垫层厚 $h=0.1$ m，共有 4 个基坑。

$$V_{砼}=S_{底}\times h\times 4=0.8\times 0.8\times 0.1\times 4=0.256\ \text{m}^3$$

3）混凝土基础。

$$V_{基}=（0.6\times 0.6\times 0.3+0.4\times 0.4\times 0.81）\times 4\approx 0.95\ \text{m}^3$$

钢筋：

$$\phi 2：（1.05+0.1）\times 4\times 4=1.15\times 16=18.4\ \text{m}$$

查圆钢理论质量表得，ϕ12 单位理论质量为 0.888 kg/m。

ϕ12 钢筋质量：$18.4\times 0.888\approx 16.339$ kg ≈ 0.016 t

$$\phi 8：0.4\times 4\times 6\times 4=38.4\ \text{m}$$

查圆钢理论质量表得，ϕ8 单位理论质量为 0.395 kg/m。

ϕ8 钢筋质量：$38.4\times 0.395=15.168$ kg ≈ 0.015 t

4）回填土。由图 2—9 可知 300 厚级配沙石以下需要回填土方，即回填厚度为 690 mm。

$$V_{回}=0.8\times 0.8\times 0.69\times 4-（0.6\times 0.6\times 0.3+0.4\times 0.4\times 0.39）\times 4\approx 1.766-0.681\approx 1.09\ \text{m}^3$$

（3）木柱　由图 2—9 木亭设计图可知，柱在木亭室内地面以上 3.504 m，地面以下埋入混凝土 0.6 m，即柱长度为 4.104 m。

由工程量计算规则可知工程量按图示尺寸以体积计算，单位为 m^3。

$$V_{柱}=S_{断}\times H\times 4=0.25\times 0.25\times 4.104\times 4=1.026\ \text{m}^3$$

（4）木梁　由图 2—9 亭顶构架平面图和图 2—10 木亭屋架示意图可知：

$$AB=BC=CD=AD=5.4\ \text{m}\qquad OA=OB\qquad OF=1.73\ \text{m}$$

根据勾股定理和已知条件可知：

$$OA^2+OB^2=AB^2\qquad 2OA^2=AB^2\qquad OA=3.818\ \text{m}$$

$$AF^2=OA^2+OF^2\qquad AF=4.19\ \text{m}$$

主木梁：$V_{主}=S_{断}\times L\times 4=0.15\times 0.25\times 4.19\times 4\approx 0.629\ \text{m}^3$

木次梁：$V_{次}=S_{断}\times L=0.08\times 0.12\times 27.2\approx 0.261\ \text{m}^3$

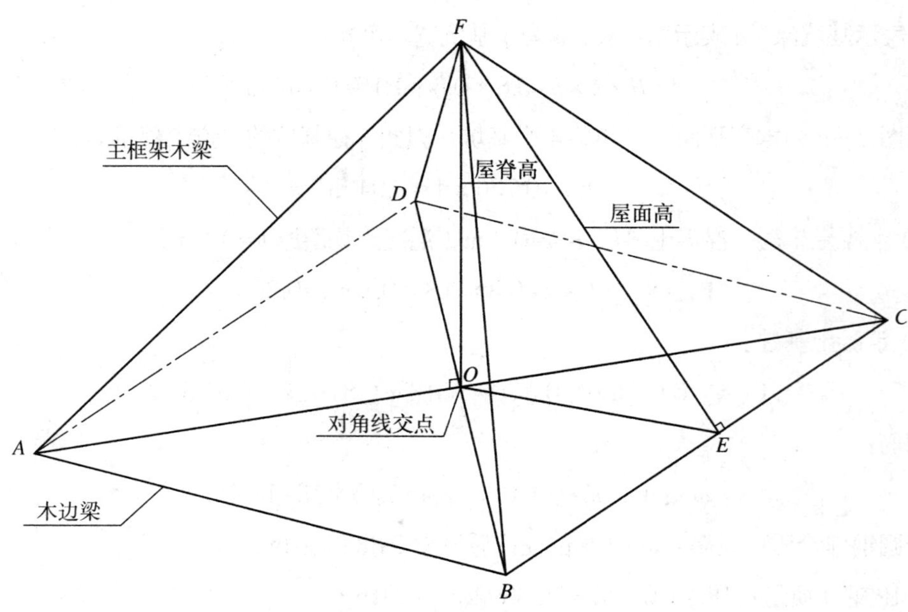

图 2—10　木亭屋架示意图

木横梁：$V_{横}=S_{断}\times L=0.2\times 0.12\times 15.4\approx 0.37\ m^3$

木边梁：$V_{边}=S_{断}\times L=0.2\times 0.12\times 21.6\approx 0.518\ m^3$

外横梁：$V_{外}=S_{断}\times L=0.08\times 0.2\times 15.4\approx 0.246\ m^3$

连接木：$V_{外}=S_{断}\times L=0.08\times 0.15\times 3.4\approx 0.041\ m^3$

（5）亭屋面板　由图 2—9 中亭顶构架平面图和亭顶构架立面图可知：

亭屋面板单侧面积 = 三角形面积，OE=2.7 m

单侧斜面的高 EF=3.207 m

亭顶单侧面积 $S_{单}=8.659\ m^2$

亭屋面板工程量 $S_{面}=8.659\times 4=34.636\ m^2$

（6）坐凳　$S=1\times 0.3\times 2+2.79\times 0.3=1.437\ m^2$

（7）宝顶　1 件。

（8）地板　挖土深度见图 2—9，±0.00 以下挖土深度 $H=(0.3+0.1+0.02+0.05+0.04)-0.15=0.36\ m$

挖土方 $V_{土}=5\times 5\times 0.36=9\ m^3$

300 厚级配沙石 $V=5\times 5\times 0.3=7.5\ m^3$

100 厚 C20 混凝土垫层 $V=5\times 5\times 0.1=2.5\ m^3$

20 厚 1∶3 水泥砂浆找平 $S=5\times 5=25\ m^2$

炭化木地板 120×40（木龙骨工程量均摊到地板）$S=5\times 5=25\ m^2$

（9）刷木蜡油

柱 $S=0.25\times4\times3.504\times4=14.016\ m^2$

主梁 $S=(0.15+0.25)\times2\times4.19\times4=13.408\ m^2$

次梁 $S=(0.08+0.12)\times2\times27.2=10.88\ m^2$

横梁 $S=(0.2+0.12)\times2\times15.4=9.856\ m^2$

边梁 $S=(0.2+0.12)\times2\times21.6=13.824\ m^2$

坐凳板 $S=1\times(0.3+0.05)\times2+2.79\times(0.3+0.05)\times2=2.653\ m^2$

坐凳立柱 $S=(0.3+0.05)\times2\times0.41\times4=1.148\ m^2$

亭屋面板 $S_{面}=8.659\times4\times2=69.272\ m^2$

宝顶 $S=3.14\times0.2\times0.9\approx0.565\ m^2$

地板 $S=5\times5=25\ m^2$

刷木蜡油工程量：

$14.016+13.408+10.88+9.856+13.824+2.653+1.148+69.272+0.565+25=160.622\ m^2$

表 2—15　　　　工程量计算表

序号	分项工程名称	单位	计算公式	工程数量	备注
1	1. 平整场地	m^2	$S=3.25\times3.25\approx10.56\ m^2$	10.56	
2	2. 基础				
3	挖基坑	m^3	$V=H\times a\times b=0.8\times0.8\times1.15=0.736\ m^3$ $V_{土}=0.736\times4=2.94\ m^3$	2.94	
4	混凝土垫层	m^3	$V_{垫}=S_{底}\times h\times4=0.8\times0.8\times0.1\times4=0.256\ m^3$	0.256	
5	混凝土基础	m^3	$V_{基}=(0.6\times0.6\times0.3+0.4\times0.4\times0.81)\times4\approx0.95\ m^3$	0.95	
6	回填土	m^3	$V_{回}=0.8\times0.8\times0.69\times4-(0.6\times0.6\times0.3+0.4\times0.4\times0.39)\times4=1.766-0.681\approx1.09\ m^3$	1.09	
7	ϕ12 钢筋质量	t	$(1.05+0.1)\times4\times4=1.15\times16=18.4$ m $18.4\times0.888\approx16.339$ kg ≈0.016 t	0.016	
8	ϕ8 钢筋质量	t	$0.4\times4\times6\times4=38.4$ m $38.4\times0.395=15.168$ kg ≈0.015 t	0.015	
9	3. 木柱	m^3	$V_{柱}=S_{断}\times H\times4=0.25\times0.25\times4.104\times4=1.026\ m^3$	1.026	
10	4. 木梁				
11	主框架木梁	m^3	$V_{主}=S_{断}\times L\times4=0.15\times0.25\times4.19\times4\approx0.629\ m^3$	0.629	1.628

续表

序号	分项工程名称	单位	计算公式	工程数量	备注
12	木次梁	m^3	$V_{次}=S_{断}\times L=0.08\times0.12\times27.2\approx0.261\ m^3$	0.261	
13	木横梁	m^3	$V_{横}=S_{断}\times L=0.2\times0.12\times15.4\approx0.37\ m^3$	0.22	1.628
14	木边梁	m^3	$V_{边}=S_{断}\times L=0.2\times0.12\times21.6\approx0.518\ m^3$	0.518	
15	5. 亭屋面板				
16	25 厚木望板	m^2	单侧斜面的高 EF=3.207 m 亭顶单侧面积 $S_{单}=8.659\ m^2$ 亭顶板工程量 $S_{面}=8.659\times4=34.636\ m^2$	34.636	
17	干铺 3 厚改性沥青油毡一层	m^2		34.636	
18	深灰色沥青瓦	m^2		34.636	
19	6. 坐凳	m^2	$S=1\times0.3\times2+2.79\times0.3=1.437\ m^2$	1.437	
20	7. 木宝顶	件		1	
21	8. 地板				
22	挖土方	m^3	$V_{土}=5\times5\times0.36=9\ m^3$	9	
23	300 厚级配沙石	m^3	$V=5\times5\times0.3=7.5\ m^3$	7.5	
24	100 厚 C20 混凝土垫层	m^3	$V=5\times5\times0.1=2.5\ m^3$	2.5	
25	20 厚 1∶3 水泥砂浆	m^2	$S=5\times5=25\ m^2$	25	
26	炭化木地板	m^2	$S=5\times5=25\ m^2$	25	
27	9. 刷木蜡油	m^2	柱 $S=0.25\times4\times3.504\times4=14.016\ m^2$ 主梁 $S=(0.15+0.25)\times2\times4.19\times4=13.408\ m^2$ 次梁 $S=(0.08+0.12)\times2\times27.2=10.88\ m^2$ 横梁 $S=(0.2+0.12)\times2\times15.4=9.856\ m^2$ 边梁 $S=(0.2+0.12)\times2\times21.6=13.824\ m^2$ 坐凳板 $S=1\times(0.3+0.05)\times2+2.79\times(0.3+0.05)\times2=2.653\ m^2$ 坐凳立柱 $S=(0.3+0.05)\times2\times0.41\times4=1.148\ m^2$ 亭屋面板 $S_{面}=8.659\times4\times2=69.272\ m^2$ 宝顶 $S=3.14\times0.2\times0.9\approx0.565\ m^2$ 地板 $S=5\times5=25\ m^2$ 刷木蜡油工程量: 14.016+13.408+10.88+9.856+13.824+2.653+1.148+69.272+0.565+25=160.622 m^2	135.622	

4. 调整单位

将计算的工程量单位调整为与定额单位一致。

5. 校核

计算工程量是园林工程预算的核心，工程量计算结束后，经过校核确认无误后就可以进行工程预算书的填写。

思考与练习

1. 木亭的施工工序是什么？
2. 木结构工程量计算规则是什么？

任务五　花坛工程工程量计算

任务目标

◇能熟练计算花坛工程工程量
◇通过花坛工程工程量计算的学习，掌握园林景观砌筑工程量计算方法

任务提出

根据图 2—11 所示花坛设计施工图，计算花坛工程工程量。

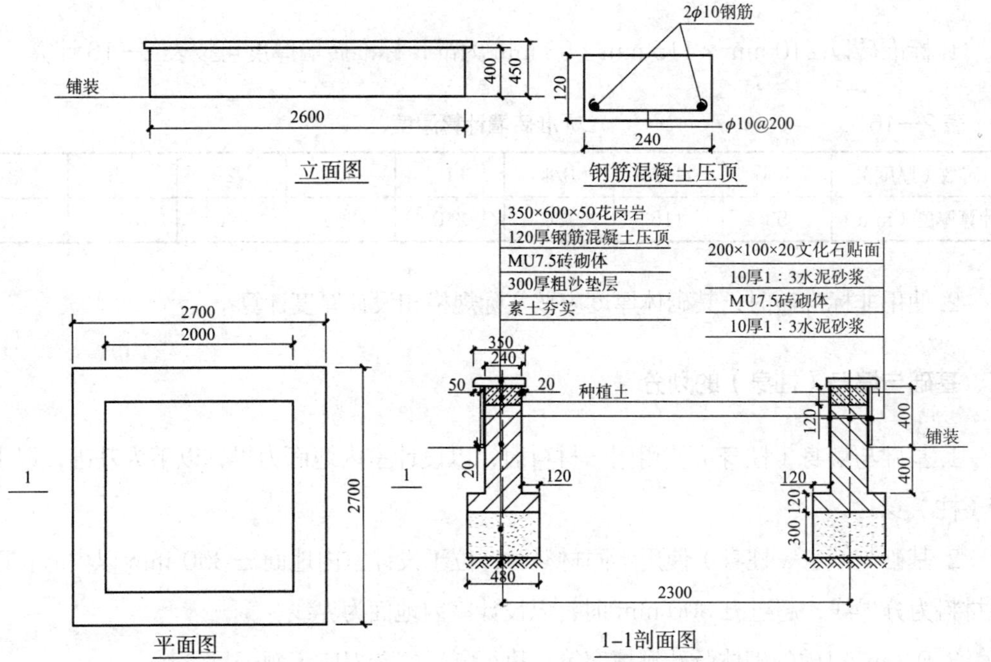

图 2—11　花坛设计施工图

设计说明：

1. 花坛采用 MU10 红砖、M5 水泥砂浆砌筑，压顶为 C20 砼。

2. 地基土壤为一、二类土，干土。

3. ± 0.00 以上砖墙外侧，顶面及套接段外露墙面贴文化石；± 0.00 以上墙面均抹水泥砂浆。

4. 回填土夯填至 ± 0.00，余土外运。

任务分析

如图 2—11 所示花坛采用砖结构，外墙面贴文化石，主要工作项目包括：挖沟槽、砖基础、砖墙、抹灰、贴面砖等，涉及的土建项目较多。通过花坛工程量计算可掌握砌筑工程的工程量计算规则和装饰（抹灰、贴面砖）工程量的计算规则。

相关知识

一、砌筑工程说明

1. 定额中砖的规格是按标准砖编制的，规格不同时可以换算。

2. 砖砌体均包括原浆勾缝用工，加浆勾缝时另按装饰定额计算。

二、标准砖墙厚度

1. 标准砖以 240 mm × 115 mm × 53 mm 为准，标准砖墙厚度可按表 2—16 计算。

表 2—16　　　　标准砖墙计算厚度

砖数（厚度）	1/4	1/2	3/4	1	1.5	2	2.5	3
计算厚度（mm）	53	115	180	240	365	490	615	740

2. 使用非标准砖时，其砌体厚度应按实际规格和设计厚度计算。

三、基础与墙身（柱身）的划分

1. 基础与墙身（柱身）使用同一材料时，以设计室内地面为界，以下为基础，以上为墙（柱）身。

2. 基础与墙身（柱身）使用不同材料时，位于设计室内地面 ± 300 mm 以内时，以不同材料为分界线，超过 ± 300 mm 时，以设计室内地面为界线。

3. 0.3 m^3 以内的砌体及孔洞填塞等，执行零星砌砖相应定额子目。

四、砌筑工程量计算规则

1. 砖砌挡土墙、沟渠、驳岸、毛石砌墙压顶石和护坡等砖石砌体按设计图示体积计算。

2. 外墙按设计图示中心线长度乘以墙身高度再乘以墙身厚度以体积计算。突出墙面的砖垛并入墙体体积内计算。

3. 独立砖柱以图示体积计算。

4. 围墙从室外设计地坪算至压顶上表面，有混凝土或石材压顶时算至压顶下表面，砖围墙柱及突出墙面的砖垛部分的工程量并入围墙工程量中。遇有混凝土或布瓦花饰时，应将花饰部分所占的体积扣除。

5. 零星砖砌、砖砌小品按设计图示体积计算。

6. 勾缝按面积计算。

7. 排水沟、槽按图示体积计算。

8. 现浇混凝土压顶按设计图示体积计算；混凝土预制块压顶厚 100 mm 以外的，按设计图示截面积乘以长度以体积计算。

9. 花岗岩压顶厚 100 mm 以内的以面积计算。

10. 水池池底、池壁砌筑以体积计算。

11. 布瓦花饰和混凝土花饰以面积计算。

五、砖基础工程量计算规则

砖石基础不分厚度和深度，按图示体积计算。基础长度：外墙按中心线计算，包括附墙垛基础宽出部分体积。应扣除混凝土梁、柱所占体积，但大放脚交接重叠部分和面积在 0.3 m^2 以内预留孔洞所占的体积均不扣除。

六、装饰工程量计算规则

1. 抹灰按设计图示以面积计算。

2. 装饰贴面按设计图示以面积计算。

任务实施

一、准备工作

1. 收集资料

准备全套花坛施工图、定额及相关计算规范。

2. 图纸分析

本花坛工程为砖砌工程，属于零星砖砌项目。详见图2—11所示花坛设计施工图。

3. 工艺流程图

定点放线→平整场地→挖沟槽→砖基础→砌砖墙→砼压顶→回填土→抹灰→花岗岩压顶→贴文化石→清理现场。

二、工程量计算

1. 列项

根据花坛工程施工图，参照预算定额的分部分项工程划分，列出分部分项子目的名称。所列的分项工程项目名称必须与预算定额中相应项目名称一致将列项填入工程量计算表，见表2—17。

2. 列出工程量计算公式

分项工程项目名称列出后，根据花坛设计施工图纸所示的部位、尺寸和数量，按照工程量计算规则（各类工程的工程量计算规则见工程预算定额有关说明），分别列出工程量计算公式并计算工程量，填入表2—17。

3. 计算工程量

（1）平整场地　由图2—11所示花坛设计施工图中立面图可知：

$$S=\text{建筑面积}（S_{\text{建}}）=2.6\times2.6=6.76\ \text{m}^2$$

（2）挖沟槽　由图2—11中基础剖面图可知该施工场地的土壤为一、二类土，H=0.82 m，挖深小于1.2 m不需要防坡（一、二类土放坡起点为1.2 m）。挖沟槽的工程量可用沟槽的断面积乘以中心线的长度计算。

墙体中心线长度：$L=2.3\times4=9.2$ m

挖沟槽的工程量：$V=S_{\text{断}}\times L=0.82\times0.48\times9.2\approx3.621\ \text{m}^3$

（3）撼砂　撼砂工程量 = 断面积 × 沟槽长度。

$$V_{\text{砂}}=S_{\text{断}}\times L=0.48\times0.3\times9.2\approx1.325\ \text{m}^3$$

（4）砖基础　工程量计算规则规定基础与墙身使用同一材料时，以设计室内地面为界，地面以下为基础，地面以上为墙身。

所以，基础工程量：$V_{\text{基}}=S_{\text{断}}\times L=（0.48\times0.12+0.24\times0.4）\times9.2$

$$\approx（0.058+0.096）\times9.2$$

$$\approx1.417\ \text{m}^3$$

（5）回填土　回填土工程量 = 挖沟槽工程量 -（基础工程量 + 撼砂工程量）。

$$V_{\text{回}}=3.621-（1.417+1.325）=3.621-2.742=0.879\ \text{m}^3$$

（6）砌砖墙　工程量计算规则规定基础与墙身使用同一材料时，以设计室内地面为界，地面以下为基础，地面以上为墙身。

砌砖墙工程量：$V=S_{断}\times L_A=0.24\times0.28\times9.2\approx0.618\ m^3$

（7）混凝土压顶　现浇混凝土压顶按设计图示以体积计算。

混凝土压顶工程量：$V=S_{断}\times L=0.24\times0.12\times9.2\approx0.265\ m^3$

（8）花岗岩压顶　花岗岩压顶厚 100 mm 以内的以面积计算。

$$S=0.35\times9.2=3.22\ m^2$$

（9）抹灰　按设计图示尺寸以面积计算。

$$S=(0.4+0.24+0.4)\times2.6\times4=1.04\times10.4=10.816\ m^2$$

（10）文化石　按设计图示尺寸以面积计算。

$$S_{贴}=0.4\times2.6\times4=4.16\ m^2$$

（11）模板　$V_{模}=S_{断}\times L=0.24\times0.12\times9.2\approx0.265\ m^3$

（12）ϕ10 钢筋

$$L=9.2\times2+(46+1)\times0.24=18.4+11.28=29.68\ m$$

查圆钢理论质量表得，ϕ10 单位理论质量为 0.617 kg/m。

ϕ10 钢筋质量：$29.69\times0.617\approx18.319\ kg\approx0.018\ t$

表 2—17　　工程量计算表

序号	分项工程名称	单位	计算公式	工程数量	备注
1	平整场地	m^2	S= 建筑面积（$S_{建}$）$=2.6\times2.6=6.76\ m^2$	6.76	
2	挖沟槽	m^3	墙体中心线长度计算：$L=2.3\times4=9.2$ m 挖沟槽的工程量：$V=S_{断}\times L=0.82\times0.48\times9.2\approx3.621\ m^3$	3.621	
3	撼砂	m^3	$V_{砂}=S_{断}\times L=0.48\times0.3\times9.2\approx1.325\ m^3$	1.325	
4	砖基础	m^3	$V_{基}=S_{断}\times L=(0.48\times0.12+0.24\times0.4)\times9.2$ $\approx(0.058+0.096)\times9.2$ $\approx1.417\ m^3$	1.417	
5	回填土	m^3	$V_{回}=3.621-(1.417+1.325)=3.621-2.742=0.879\ m^3$	0.879	
6	砌砖墙	m^3	$V=S_{断}\times L_A=0.24\times0.28\times9.2\approx0.618\ m^3$	0.618	
7	混凝土压顶	m^3	$V=S_{断}\times L=0.24\times0.12\times9.2\approx0.265\ m^3$	0.265	
8	花岗岩压顶	m^2	$S=0.35\times9.2=3.22\ m^2$	3.22	
9	抹灰	m^2	$S=(0.4+0.24+0.4)\times2.6\times4=1.04\times10.4=10.816\ m^2$	10.816	
10	贴文化石	m^2	$S_{贴}=0.4\times2.6\times4=4.16\ m^2$	4.16	
11	模板	m^3	$V_{模}=S_{断}\times L=0.24\times0.12\times9.2\approx0.265\ m^3$	0.265	
12	钢筋	t	ϕ10 钢筋质量：$29.69\times0.617\approx18.319\ kg\approx0.018\ t$	0.018	

4. 调整单位

将计算的工程量单位调整为与定额单位一致。

5. 校核

计算工程量是园林工程预算的核心，工程量计算结束后，经过校核确认无误后就可以进行工程预算书的填写。

思考与练习

1. 花坛的施工工序是什么？
2. 简述砌筑工程量、砖基础工程量及装饰工程量计算规则。

课题二
套用园林工程定额

任务目标

◇能准确确定工程定额的定额编号
◇能熟练套用工程定额的基价
◇能熟练查阅分项工程消耗的工、料、机的数量

任务提出

在如图 2—2 所示的小游园园林工程施工图计算的工程量基础上，套用园林工程定额。

任务分析

园林工程量计算完成后，就可以套用园林工程定额了，套用定额是进行园林工程预算的关键环节。

如图 2—2 所示的小游园园林工程中，涉及的造园要素主要是各种苗木，对园林工程造价影响最大的是苗木的规格（如胸径），定额编号是按苗木的规格划分的，在定额中有明确规定。套用定额要和工料分析结合在一起进行，避免重复翻阅定额，提高预算速度。

相关知识

一、园林绿化工程预算定额

1. 工程定额概念

所谓定，就是规定；所谓额，就是额度或限额。从广义上理解，定额就是规定的额度或限额，即工程施工中的标准或尺度。具体来讲，定额是指在正常的施工条件下，完成某一合格单位产品或完成一定量的工作所需消耗的人工、材料、机械台班和费用的数量标准或额度。

2. 园林预算定额概念

园林预算定额是在正常的施工条件下，确定完成一定计量单位合格的分项工程或结构构件所需消耗的人工、材料、机械台班和费用的数量标准。

3. 预算定额编制部门

预算定额是由特定的国家机关或被授权单位组织编制并颁发的一种法令性指标，是一项重要的经济法规。各省市建设工程造价管理站根据国家定额和本地区的实际情况来编写地区定额。不同地区定额存在一定差异，在实际工作中应执行工程所在地定额标准。

4. 定额的内容

定额中的各项指标，反映了国家对完成每一单位分项工程所规定的人工、材料、机械台班等消耗的数量限额。预算定额是一种综合定额，它包括完成某一分项工程的全部工作内容。

5. 编制预算定额的目的

编制预算定额的目的在于确定工程中每一单位分项工程的预算基价（即价格），力求用最少的人力、物力和财力，生产出符合质量标准的合格园林建设产品，并取得最好的经济效益。

预算定额是一种综合性定额，它不仅考虑了施工定额中未包含的多种因素（如材料在现场内的超运距、人工幅度差的用工等），而且还包含了为完成该分项工程或结构构件的全部工序的内容。

二、预算定额的内容和编排形式

1. 预算定额的内容

预算定额手册主要由文字说明、定额项目表两部分内容组成。定额的核心部分是定额项目表，定额项目表列出每一单位分项工程中人工、材料、机械台班的消耗量和费用。定额项目表由分项工作内容，定额计量单位，定额编号，人工、材料、机械台班消耗量等组成。

2. 预算定额项目的编排形式

预算定额手册根据园林结构及施工程序等按照章、节、项目、子目等顺序排列。

分部工程以下，又按工程性质、工程内容及施工方法、使用材料等，分成许多节。节以下，再按工程性质、规格、材料类别等分成若干项目。

在项目中还可以按其规格、材料等再细分许多子项目。

如《吉林省园林及仿古建筑工程计价定额》共分上、下两册，上册为“园林绿化工程”，下册为“仿古建筑工程”。上册分成十四章，下册分成十章，每章又分成若干节。

定额在执行时为保证定额的标准属性，其中定额编号、项目名称、计量单位、定额基价和工程量应符合以下规定：

为了查阅使用定额方便，定额的章、节、子目都应有统一的编号，即定额编号。定额编号采用“专业类别编码”+“分册顺序码”+“—”+“分项工程顺序码”形式组成，不得简化和修改，定额发生换算时定额编号后加“换”；补充估价定额项目以“BJ×××”表示。

如定额编号“E1—0130”，其中，“E”代表园林及仿古建筑专业；“1”代表园林绿化工程分册；“0130”代表分项工程顺序码，即指普坚土种植胸径 10 cm 以内的裸根乔木。

定额编号确定后，就可以根据定额编号查阅《吉林省园林及仿古建筑工程计价定额》，得知栽植胸径 10 cm 以内的裸根乔木的基价、消耗人工费、材料费及机械费等。

三、园林工程定额套用

预算定额的套用可以分为直接套用和系数换算两种。

1. 预算定额的直接套用

当设计要求与定额项目的内容相一致时，可直接套用定额的预算基价及工料消耗量计算该分项工程的直接费以及人工、材料需用量。计算人工、材料需用量后，就可以进行工料分析，以便控制工程成本。

2. 预算定额的系数换算

当设计要求与定额项目的内容不同时，必须进行系数换算。预算定额的系数换算是按定额说明中规定的系数乘以相应定额的基价（或定额中工料之一部分）后，得到一个新单价。系数换算是园林绿化工程预算中比较重要的一项内容。

任务实施

园林绿化工程预算定额套用

当设计要求与定额项目的内容相一致时，可直接套用定额。

1. 准备工作

（1）园林工程定额（《吉林省园林及仿古建筑工程计价定额》见表2—18～表2—20）。

表2—18　吉林省园林及仿古建筑工程计价定额［第一节　整理绿化用地］　单位：株

定额编号				E1—0024	E1—0025	E1—0026
项目名称				整理绿化用地	挖土方	
					普坚土	沙砾坚土
				（m^2）	（m^3）	
基价				3.78	18.27	27.51
其中	人工费			3.78	18.27	27.51
	材料费			—	—	—
	机械费			—	—	—
名称		单位	单价（元）	数量		
人工	综合工日	工日	105.00	0.036	0.174	0.262

表2—19　吉林省园林及仿古建筑工程计价定额［第六节　客土工程］　单位：10 m^2

定额编号				E1—0127
项目名称				草坪、花卉客土
				厚度 ±0.3 m
基价				77.81
其中	人工费			77.81
	材料费			—
	机械费			—
名称		单位	单价（元）	数量
人工	综合工日	工日	105.00	0.741
材料	土	m^3		（3.000）

说明：材料费显示（3.000），带有括号说明土的费用没有包含在定额内。

表2—20　吉林省园林及仿古建筑工程计价定额［第一节　普坚土种植］　单位：株

定额编号		E1—0152	E1—0153	E1—0154
项目名称		土球苗木（球径 cm× 深 cm）		
		80×60	100×80	120×90
基价		73.24	137.38	204.08
其中	人工费	42.21	75.81	102.27
	材料费	24.13	27.05	49.34
	机械费	6.90	34.52	52.47

续表

定额编号				E1—0152	E1—0153	E1—0154
名称		单位	单价（元）	数量		
人工	综合工日	工日	105.00	0.402	0.722	0.974
材料	毛竹尖	根	5.00	3.000	3.000	—
	扎绑绳	kg	3.80	—	—	1.500
	草绳	kg	1.11	1.000	1.000	—
	支柱	根	28.00	—	—	1.100
	水	t	9.00	0.852	1.155	1.320
	其他材料费	元	1.00	0.350	0.540	0.960
机械	汽车起重机 8 t	台班	690.42	0.010	0.050	0.076

（2）园林工程量计算表（见表 2—21）。

表 2—21　　工程量计算表

序号	分项工程名称	单位	计算公式	工程数量	备注
1	一、栽植前准备				
2	整理绿化地	m^2		585	所有绿地面积
3	换土厚 0.3 m	m^3	$V=S\times H=585\times 0.3=175.5$	175.5	换土厚度 0.3 m
4	二、栽植				
5	丛生九角枫（3～4 分枝，每分枝 4～5 cm）土球直径 120 cm	株		2	
6	养护	10 株		0.2	养护期 2 年
7	银杏 D=12 cm 土球直径 100 cm	株		9	
8	养护	10 株		0.9	养护期 2 年
9	国槐 D=10 cm	株		7	
10	养护	10 株		0.7	养护期 2 年
11	王族海棠 D=8 cm 土球直径 60 cm	株		16	
12	养护	10 株		1.6	养护期 2 年
13	小桃红 W=100 cm	株		9	
14	养护	10 株		0.9	养护期 2 年
15	金叶榆球 W=80 cm 土球直径 40 cm	株		12	
16	养护	10 株		1.2	养护期 2 年
17	小叶黄杨模纹 H=30 cm	m^2		9	
18	养护	10 m^2		0.9	养护期 2 年
19	紫叶小檗绿篱 H=80 cm	m		8	
20	养护	10 m		0.8	养护期 2 年

续表

序号	分项工程名称	单位	计算公式	工程数量	备注
21	一串红	10 m²		0.5	
22	养护	10 m²		0.5	养护期 2 年
23	草坪	10 m²		34.2	
24	养护	10 m²		34.2	养护期 2 年

2. 操作步骤

（1）确定定额编号，见表 2—22。园林工程定额规定：

1）起挖、栽植带土球的乔灌木按土球直径的大小确定定额编号。

2）起挖、栽植裸根乔木按树木胸径大小确定定额编号。

3）起挖、栽植裸根灌木按灌丛高确定定额编号。

4）栽植绿篱按篱高确定定额编号。

表 2—22　　定额编号确定示意表

序号	项目名称	定额编号确定的原则	定额编号	备注
1	整理绿化地	± 0.3 m 以内	E1—0024	见定额表
2	客土　厚 0.3 m		E1—0127	见定额表
3	丛生九角枫（3～4 分枝，每分枝 4～5 cm）　土球直径 120 cm	定额规定：栽植带土球的树木时，定额编号根据土球的直径来确定	E1—0154	见定额表
4	银杏 *D*=12 cm　土球直径 100 cm	定额规定：栽植带土球的树木时，定额编号根据土球的直径来确定	E1—0153	见定额表
5	栽植国槐裸根胸径 10 cm	定额规定：栽植裸根乔木时定额编号根据树木胸径来确定	E1—0130	见定额表

（2）查对应的园林绿化工程定额得到基价、人工费单价、材料费单价、机械费单价后，进行工程预算书的填写，见表 2—23。

表 2—23　　基价表

定额号	项目名称	单位	基价	人工费	材料费	机械费
E1—0024	整理绿化地	m²	3.78	3.78	—	—
E1—0127	客土　厚 0.3 m	10 m²	77.81	77.81	—	—
E1—0154	丛生九角枫（3～4 分枝，每分枝 4～5 cm）　土球直径 120 cm	株	204.08	102.27	49.34	52.47
E1—0153	银杏胸径 12 cm　土球直径 100 cm	株	137.38	75.81	27.05	34.52
E1—0130	栽植国槐裸根胸径 10 cm	株	56.24	38.85	17.39	—

说明：其他分项工程的套用方法相同，详见绿化工程预算费用计取中的工程预算书的填写。

知识链接

起挖树木土球规格确定的原则

1. 栽植时需要带土球的树木

常绿乔木（北方主要指针叶树种）、反季施工（夏季）、大树移植。

2. 土球规格确定的原则

（1）乔木：土球直径为树木胸径的 8～10 倍。大树土球直径为树木胸径的 7~10 倍。

（2）灌木：土球直径为灌丛高的 1/3。

（3）土球厚为土球直径的 2/3。

思考与练习

1. 什么是工程定额？
2. 园林工程定额的概念和作用是什么？
3. 园林工程定额的套用分为哪几种？

课题三

园林工程预算费用计取

任务目标

◇能正确填写园林工程预算书

◇能正确填写园林工程预算造价计算表

任务提出

根据工程量计算表和定额填写园林工程预算书，计算工程预算各项费用。

任务分析

在学会确定定额编号、查阅定额、计算消耗量的基础上，可以计算出如图 2—2 所示的小游园园林工程预算的各项费用，进而计算出工程造价。

组成园林建设工程造价的各类费用，除工程直接费（定额直接费）是按设计图纸和预算定额计算外，其他的费用项目应根据国家及地区制定的费用定额及有关规定计算，一般都要采用工程所在地区的地区统一定额。

相关知识

一、相关名词

1. 人工费

人工费是指按工资总额构成规定，支付给从事建筑安装工程施工的生产工人和附属生产单位工人的各项费用。内容包括：

（1）计时工资或计件工资　计时工资或计件工资是指按计时工资标准和工作时间或对已做工作按计件单价支付给个人的劳动报酬。

（2）奖金　奖金是指对超额劳动和增收节支支付给个人的劳动报酬，如节约奖、劳动竞赛奖等。

（3）津贴补贴　津贴补贴是指为了补偿职工特殊或额外的劳动消耗和因其他特殊原因支付给个人的津贴，以及为了保证职工工资水平不受物价影响支付给个人的物价补贴，如流动施工津贴、特殊地区施工津贴、高温（寒）作业临时津贴、高空津贴等。

（4）加班加点工资　加班加点工资是指按规定支付的在法定节假日工作的加班工资和在法定日工作时间外延时工作的加点工资。

（5）特殊情况下支付的工资　特殊情况下支付的工资是指根据国家法律、法规和政策规定，因病、工伤、产假、计划生育假、婚丧假、事假、探亲假、定期休假、停工学习、执行国家或社会义务等原因按计时工资标准或计时工资标准的一定比例支付的工资。

2. 材料费

材料费是指施工过程中耗费的原材料、辅助材料、构配件、零件、半成品或成品、工程设备的费用。内容包括：

（1）材料原价　材料原价是指材料、工程设备的出厂价格或商家供应价格。

（2）运杂费　运杂费是指材料、工程设备自来源地运至工地仓库或指定堆放地点所发生的全部费用。

（3）运输损耗费　运输损耗费是指材料在运输装卸过程中不可避免的损耗。

（4）采购及保管费　采购及保管费是指在组织采购、供应和保管材料、工程设备的过程中所需要的各项费用。包括采购费、仓储费、工地保管费、仓储损耗。

工程设备是指构成或计划构成永久工程一部分的机电设备、金属结构设备、仪器装置及其他类似的设备和装置。

3. 施工机具使用费

施工机具使用费是指施工作业所发生的施工机械、仪器仪表使用费或其租赁费。

（1）施工机械使用费　以施工机械台班耗用量乘以施工机械台班单价表示，施工机械台班单价由下列七项费用组成。

1）折旧费：指施工机械在规定的使用年限内，陆续收回其原值的费用。

2）大修理费：指施工机械按规定的大修理间隔台班进行必要的大修理，以恢复其正常功能所需的费用。

3）经常修理费：指施工机械除大修理以外的各级保养和临时故障排除所需的费用。包括为保障机械正常运转所需替换设备与随机配备工具附具的摊销和维护费用，机械运转中日常保养所需润滑与擦拭的材料费用及机械停滞期间的维护和保养费用等。

4）安拆费及场外运费：安拆费指施工机械（大型机械除外）在现场进行安装与拆卸所需的人工、材料、机械和试运转费用以及机械辅助设施的折旧、搭设、拆除等费用；场外运费指施工机械整体或分体自停放地点运至施工现场或由一施工地点运至另一施工地点的运输、装卸、辅助材料及架线等费用。

5）人工费：指机上司机（司炉）和其他操作人员的人工费。

6）燃料动力费：指施工机械在运转作业中所消耗的各种燃料及水、电费用等。

7）税费：指施工机械按照国家规定应缴纳的车船使用税、保险费及年检费等。

（2）仪器仪表使用费　是指工程施工所需使用的仪器仪表的摊销及维修费用。

4. 企业管理费

企业管理费是指建筑安装企业组织施工生产和经营管理所需的费用。内容包括：

（1）管理人员工资　按规定支付给管理人员的计时工资、奖金、津贴补贴、加班加点工资及特殊情况下支付的工资等。

（2）办公费　企业管理办公用的文具、纸张、账表、印刷、邮电、书报、办公软件、现场监控、会议、水电、取暖降温等费用。

（3）差旅交通费　职工因公出差、调动工作的差旅费、住勤补助费，市内交通费和误餐补助费，职工探亲路费，劳动力招募费，职工退休、退职一次性路费，工伤人员就医路费，工地转移费以及管理部门使用的交通工具的油料、燃料等费用。

（4）固定资产使用费　管理和试验部门及附属生产单位使用的属于固定资产的房屋、设备、仪器等的折旧、大修、维修或租赁费。

（5）工具用具使用费　企业施工生产和管理使用的不属于固定资产的工具、器具、家具、交通工具和检验、试验、测绘、消防用具等的购置、维修和摊销费。

（6）劳动保险和职工福利费　由企业支付的职工退职金、按规定支付给离休干部的经费、集体福利费、夏季防暑降温费、冬季取暖补贴、上下班交通补贴等。

（7）劳动保护费　企业按规定发放的劳动保护用品的支出，如工作服、手套、防暑降温饮料以及在有碍身体健康的环境中施工的保健费用等。

（8）检验试验费　施工企业按照有关标准规定，对建筑以及材料、构件和建筑安装物进行一般鉴定、检查所发生的费用，包括自设试验室进行试验所耗用的材料等费用。不包括新结构、新材料的试验费，对构件做破坏性试验及其他特殊要求检验试验的费用和建设单位委托检测机构进行检测的费用，对此类检测发生的费用，由建设单位在工程建设其他费用中列支。但对施工企业提供的具有合格证明的材料进行检测不合格的，该检测费用由施工企业支付。

（9）工会经费　企业按《工会法》规定的全部职工工资总额比例计提的工会经费。

（10）职工教育经费　按职工工资总额的规定比例计提，企业为职工进行专业技术人员继续教育、职工职业技能鉴定、职业资格认定以及根据需要对职工进行各类文化教育所发生的费用。

（11）财产保险费　施工管理用财产、车辆等的保险费用。

（12）财务费　企业为施工生产筹集资金或提供预付款担保、履约担保、职工工资支付担保等所发生的各种费用。

（13）税金　企业按规定缴纳的房产税、车船使用税、土地使用税、印花税等。

（14）其他　包括技术转让费、技术开发费、投标费、业务招待费、绿化费、广告费、公证费、法律顾问费、审计费、咨询费、保险费等。

5. 利润

利润是指施工企业完成所承包工程获得的盈利。

6. 规费

规费是指按国家法律、法规规定，由省级政府和省级有关权力部门规定必须缴纳或计取的费用。包括：

（1）社会保险费

1）养老保险费：企业按照规定标准为职工缴纳的养老保险费。

2）失业保险费：企业按照规定标准为职工缴纳的失业保险费。

3）医疗保险费：企业按照规定标准为职工缴纳的医疗保险费。

4）生育保险费：企业按照规定标准为职工缴纳的生育保险费。

5）工伤保险费：企业按照规定标准为职工缴纳的工伤保险费。

（2）住房公积金　企业按照规定标准为职工缴纳的住房公积金。

（3）工程排污费　企业按照规定缴纳的施工现场工程排污费。

其他应列而未列入的规费，按实际发生计取。

7. 税金

税金，企业所得税法术语，指企业发生的除企业所得税和允许抵扣的增值税以外的企业缴纳的各项税金及其附加。即企业按规定缴纳的消费税、营业税、城乡维护建设税、关税、资源税、土地增值税、房产税、车船税、土地使用税、印花税、教育费附加等产品销售税金及附加。

从 2016 年 5 月 1 日起，我国全面实施营改增（计税方式由原来的营业税改成增值税）政策，将试点范围扩大到建筑业、房地产业、金融业、生活服务业，并将所有企业新增不动产所含增值税纳入抵扣范围，确保所有行业税负只减不增。

二、建筑业营改增建设工程费用定额

由于《中华人民共和国增值税暂行条例》（国务院令第 538 号）的实施，为使“营改增”平稳过渡，各省结合本省实际情况制定了“建筑业营改增工程费用定额”。本教材以吉林省为例进行说明。

1. 编制说明

为贯彻执行《中华人民共和国增值税暂行条例》（国务院令第 538 号），满足吉林省建筑业工程造价计价“营改增”平稳过渡的需要，根据住房城乡建设部办公厅《关于做好建筑业营改增建设工程计价依据调整准备工作的通知》及《建筑业营改增建设工程计价规则调整实施方案》，结合吉林省实际，制定了与吉林省现行计价定额相配套的《建筑业营改增吉林省建设工程费用定额》（以下简称“本费用定额”）。

本费用定额是基于“价税分离”的原则和不改变现行计价体系为前提进行编制的。

“价税分离”是指从营业税不含税工程造价中，将各项费用所包含的进项税分离出来，形成除税价格。以除税价格为计算基础，计取各项费用。

本费用定额是按综合系数的方式扣除现行计价定额中材料费、施工机具使用费（以下简称机具费）的进项税额计算除税基价。

本费用定额中的费率是以增值税下的各项费用与营业税下的各项费用基本平衡的原则编制的。

2. 单位工程造价表现形式

$$工程造价 = 税前工程造价 \times (1+11\%)$$

其中，11% 为建筑业应征增值税税率，根据企业的规模确立税率。税前工程造价为人工费、材料费、施工机具使用费、企业管理费、利润和各项费用之和，各费用项目均以不包含增值税可抵扣进项税额的价格计算。税前工程造价以除税价格为计算基础，计取各项费用。

3. 材料费、机具费调整系数表

现阶段营改增的计价是建立在原有定额的基础上，所以，需要做系数调整，新定额和营改增计税方式统一后，该项就取消。

（1）材料费、机具费调整系数表　现行计价定额中的材料费、机具费按表进行调整，形成本费用定额的材料费、机具费（见表2—24）。

表2—24　　材料费、机具费调整系数表

序号	计价依据	调整系数（%）	
		材料费	机具费
1	《吉林省建筑工程计价定额》（JLJD—JZ—2014）	88.20	91.82
2	《吉林省装饰工程计价定额》（JLJD—ZS—2014）	87.13	92.50
3	《吉林省安装工程计价定额》（JLJD—AZ—2014）	88.97	92.28
4	《吉林省市政工程计价定额》（JLJD—SZ—2014）道路、桥涵、隧道工程	90.33	91.23
	《吉林省市政工程计价定额》（JLJD—SZ—2014）管道及其他工程	88.06	89.47
	《吉林省市政工程计价定额》（JLJD—SZ—2014）机械土石方工程	88.45	89.30
5	《吉林省园林及仿古建筑工程计价定额》（JLJD—YL—2014）仿古、园林建筑工程、机械土石方工程	88.75	90.70
	《吉林省园林及仿古建筑工程计价定额》（JLJD—YL—2014）园林绿化、安装工程	89.89	90.26
6	《吉林省城市轨道交通工程计价定额》（JLJD—GD—2011）土建工程	89.69	92.09
	《吉林省城市轨道交通工程计价定额》（JLJD—GD—2011）轨道工程	88.38	91.20
	《吉林省城市轨道交通工程计价定额》（JLJD—GD—2011）安装工程	89.83	92.64
7	《吉林省房屋修缮及抗震加固工程计价定额》（JLJD—XS—2016）拆除、建筑工程	87.93	91.07
	《吉林省房屋修缮及抗震加固工程计价定额》（JLJD—XS—2016）安装工程	89.56	93.07

（2）使用说明

1）本费用定额材料费 = 现行计价定额材料费 × 材料费调整系数。

2）本费用定额机具费 = 现行计价定额机具费 × 机具费调整系数。

3）材料、机械台班的市场价格使用含进项税额的信息价格体系。

4）价差 = 现行计价定额的价差 × 调整系数。

5）计价依据中的机械费、施工机械使用费在本费用定额中统一简称为机具费。

4. 其他规定

（1）总承包管理费、甲供材料管理费、施工配合费、提前竣工（赶工）费、现场签证费，均指除税后的费用，原费用定额内容和费率不变。

（2）编制招标控制价或投标报价时，其安全文明施工费按本费用定额费率考虑。工程结算时，评定为省级标准化管理示范工地的工程项目，其安全文明施工费按本费用定额费

率计取；评定为市级标准化管理示范工地的工程项目，其安全文明施工费乘以0.97；其他工程项目的安全文明施工费乘以0.93。

（3）发包人提供的材料和工程设备（简称甲供材），按计价定额中的预算价格计入基价或综合单价，一般计税方法为乘以材料费调整系数。

5. 费用标准

《吉林省园林及仿古建筑工程计价定额》（JLJD—YL—2014）。

1. 措施项目费

1.1 安全文明施工费，费率如下（单位：%）：

工程类别	仿古建筑工程	园林建筑工程	机械土石方工程	园林绿化工程	安装工程	人工土石方工程
计取基数	人工费 + 机具费			人工费		
费率	6.86	5.97	5.11	4.48	3.90	5.73

注：“仿古建筑工程”指下册《仿古工程》；“园林绿化工程”指上册《园林绿化工程》第二章（二、三、五节）、第三章和第十六章（三、四、五节）；“园林建筑工程”指上册《园林绿化工程》第五章至“第十一章、第十三章至第十五章及第十六章（一、二、六节）；“安装工程”指上册《园林绿化工程》第四章和第十二章；“人工土石方工程”指上册《园林绿化工程》第一章和第二章（一、四、六节）内标注人工施工的项目；“机械土石方工程”指上册《园林绿化工程》第一章内标注机械施工的项目（以下同）。

1.2 夜间施工增加费：每人每个夜班增加60元。

1.3 非夜间施工增加费：按地下（暗）室建筑面积每平方米20元计取。

1.4 材料二次搬运费：按人工费0.30%计取。

1.5 冬季、雨季施工增加费

冬季施工增加费，按冬季施工期间完成人工费的150%计取。冬季在室内施工，室内温度达到正常施工条件的，按该项目冬季施工完成人工费的30%计取。

雨季施工增加费，按人工费的0.38%计取。

1.6 地上、地下设施、建筑物的临时保护设施费，已完工程及设备保护费（含越冬维护费），根据工程实际情况编制费用预算。

1.7 工程定位复测费（单位：%），费率如下：

工程类别	仿古建筑工程	园林建筑工程	机械土石方工程	园林绿化工程	安装工程	人工土石方工程
计取基数	人工费 + 机具费			人工费		
费率	0.83	0.71	0.61	0.28	0.34	1.51

2. 企业管理费（单位：%），费率如下：

工程类别	仿古建筑工程	园林建筑工程	机械土石方工程	园林绿化工程	安装工程	人工土石方工程
计取基数	人工费＋机具费			人工费		
费率	10.66	10.71	10.02	20.25	18.44	12.22

3. 规费

3.1 工程排污费：按人工费的 0.30% 计取。

3.2 社会保险费

3.2.1 养老保险费、失业保险费、医疗保险费、住房公积金四项合计费率按人工费的 16.43% 计取。

3.2.2 生育保险费：按人工费的 0.42% 计取。

3.2.3 工伤保险费：按人工费的 0.61% 计取。

3.3 残疾人就业保障金：按人工费的 0.48% 计取。

3.4 防洪基础设施建设资金、副食品价格调节基金在编制标底（招标控制价）或投标报价时，按税前工程造价的 1.05‰考虑，结算时按实际缴纳计取。

3.5 其他规费：按相关文件规定计取。

4. 利润：园林及仿古建筑工程行业利润为人工费的 16%。

5. 税金：即建筑业应征增值税税率，为 11%（各地区对纳税人有一定的优惠政策，纳税人分一般纳税人和小微企业，小微企业增值税可按 3% 缴纳）。

计取基数为税前工程造价，即人工费、材料费、施工机具使用费、企业管理费、利润和各项费用之和（各费用项目均以不包含增值税可抵扣进项税额的价格计算）。

任务实施

一、准备工作

根据图 2—2 所示的小游园园林工程施工图和施工组织设计及招标文件要求，采用定额计价形式报价（企业为三类取费）。

计算各项费用：

1. 填写园林工程预算书。

2. 填写园林工程预算造价计算表。

二、填写园林工程预算书

园林工程预算书有竖版和横版两种，本书采用竖版（见表 2—25）。步骤如下：

表 2—25　　单位工程预算书（竖版）

工程名称：小游园园林工程　　第　页　共　页

序号	定额编号	子目名称	工程量		价值		其中（元）	
			单位	数量	单价	合价	人工费	材料费

1. 抄写分项工程名称、单位、工程量

将表 2—21 工程量计算表中的分项工程名称、单位、主材工程量抄到表 2—26 单位工程预算书中。

表 2—26　　单位工程预算书

工程名称：小游园园林工程　　第　页　共　页

序号	定额编号	子目名称	工程量		价值		其中（元）	
			单位	数量	单价	合价	人工费	材料费
		一、绿地整理						
		整理绿化用地	m^2	585				
		草坪、花卉客土　厚度 0.3 m	10 m^2	58.5				
主材		土	m^3	175.5				
		二、栽植花木						
		1. 栽植丛生九角枫						
		丛生九角枫（3～4 分枝，每分枝 4～5 cm）土球直径 120 cm	株	2				
主材		丛生九角枫（3～4 分枝，每分枝 4～5 cm）土球直径 120 cm	株	2				
		后期养护　乔木及果树　子目 × 2	10 株	0.2				
		2. 栽植银杏						
		普坚土种植银杏　土球苗土　球径 100 cm × 深 80 cm	株	9				
主材		银杏　胸径 D=12 cm　土球直径 100 cm	株	9				
		后期养护　乔木及果树　子目 × 2	10 株	0.9				
		3. 栽植国槐						
		普坚土种植国槐　裸根乔木　胸径 10 cm 以内	株	7				
主材		国槐　胸径 D=10 cm	株	7				

续表

序号	定额编号	子目名称	工程量		价值		其中（元）	
			单位	数量	单价	合价	人工费	材料费
		后期养护　乔木及果树　子目×2	10株	0.7				
		4. 栽植王族海棠						
		普坚土种植王族海棠　土球苗土球径 70 cm× 深 50 cm	株	16				
主材		王族海棠胸径 D=8 cm　土球直径 60 cm	株	16				
		后期养护　乔木及果树　子目×2	10株	1.6				
		5. 栽植小桃红						
		普坚土种植小桃红　裸根灌木　高度 1.5 m 以内	株	9				
主材		小桃红冠幅 W=100 cm	株	9				
		后期养护　灌木　子目×2	10株	0.9				
		6. 栽植金叶榆球						
		普坚土种植金叶榆球　土球苗土球径 50 cm× 深 40 cm	株	12				
主材		金叶榆球冠幅 W=80 cm　土球直径 40 cm	株	12				
		后期养护　灌木　子目×2	10株	1.2				
		7. 栽植小叶黄杨						
		普坚土种植小叶黄杨　色带　高度 0.8 m 以内	m^2	9				
主材		小叶黄杨模纹修剪后高 H=30 cm	m^2	9				
		后期养护　色带　子目×2	10 m^2	0.9				
		8. 栽植紫叶小檗绿篱						
		普坚土种植　紫叶小檗绿篱　双行间距 0.4 m　高度 1.2 m 以内	m	8				
主材		紫叶小檗绿篱 H=80 cm	m	8				
		后期养护　绿篱　子目×2	10 m	0.8				
		9. 栽植一串红						
		一串红	10 m^2	0.5				
主材		一串红 H=20 cm	m^2	5				
		后期养护　花卉　子目×2	10 m^2	0.5				
		10. 满铺草坪						
		铺草卷	10 m^2	34.2				

续表

序号	定额编号	子目名称	工程量		价值		其中（元）	
			单位	数量	单价	合价	人工费	材料费
主材		铺草卷	m^2	342				
		后期养护 冷草 子目×2	10 m^2	34.2				
主材费合计								
直接费合计								

编制人： 审核人： 编制时间：

2. 抄写定额编号、基价、人工费、材料费、机械费的单价

根据绿化工程量计算规则查阅绿化工程定额，将各分项工程的定额编号、基价（根据地区要求选择人工费、材料费、机械费的单价）抄到工程预算书中，见表2—27。其中机械费根据招标人实际需要选择是否填写，本预算书未填写机械费。

表2—27 单位工程预算书

工程名称：小游园园林工程 第 页 共 页

序号	定额编号	子目名称	工程量		价值		其中（元）	
			单位	数量	单价	合价	人工费	材料费
	0102	一、绿地整理						
1	E1—0024	整理绿化用地	m^2	585	3.78			
2	E1—0127	草坪、花卉客土 厚度0.3 m	10 m^2	58.5	77.81			
主材	E551003@1	土	m^3	175.5	25			
	0103	二、栽植花木						
		1. 栽植丛生九角枫						
1	E1—0154	丛生九角枫（3～4分枝，每分枝4～5 cm） 土球直径120 cm	株	2	204.08			
主材	补充主材001	丛生九角枫（3～4分枝，每分枝4～5 cm）土球直径120 cm	株	2	1 500			
2	E1—0351×2	后期养护 乔木及果树 子目×2	10株	0.2	544.78			
		2. 栽植银杏						
1	E1—0153	普坚土种植银杏 土球苗土球径100 cm×深80 cm	株	9	137.38			
主材	补充主材002@1	银杏 胸径D=12 cm 土球直径100 cm	株	9	550			

续表

序号	定额编号	子目名称	工程量		价值		其中（元）	
			单位	数量	单价	合价	人工费	材料费
2	E1—0351×2	后期养护　乔木及果树　子目×2	10株	0.9	544.78			
		3. 栽植国槐						
1	E1—0130	普坚土种植国槐　裸根乔木胸径10 cm以内	株	7	56.24			
主材	补充主材003@1	国槐　胸径D=10 cm	株	7	450			
2	E1—0351×2	后期养护　乔木及果树　子目×2	10株	0.7	544.78			
		4. 栽植王族海棠						
1	E1—0151	普坚土种植王族海棠　土球苗土　球径70 cm×深50 cm	株	16	58.88			
主材	补充主材004	王族海棠胸径D=8 cm　土球直径60 cm	株	16	240			
2	E1—0351×2	后期养护　乔木及果树　子目×2	10株	1.6	544.78			
		5. 栽植小桃红						
1	E1—0135	普坚土种植小桃红　裸根灌木高度1.5 m以内	株	9	10.56			
主材	补充主材002	小桃红冠幅W=100 cm	株	9	50			
2	E1—0352×2	后期养护　灌木　子目×2	10株	0.9	361.64			
		6. 栽植金叶榆球						
1	E1—0150	普坚土种植金叶榆球　土球苗土　球径50 cm×深40 cm	株	12	22.11			
主材	补充主材003	金叶榆球冠幅80 cm　土球直径40 cm	株	12	80			
2	E1—0352×2	后期养护　灌木　子目×2	10株	1.2	361.64			
		7. 栽植小叶黄杨						
1	E1—0145	普坚土种植小叶黄杨　色带高度0.8 m以内	m^2	9	15.08			
主材	补充主材005	小叶黄杨模纹修剪后高H=30 cm	m^2	9	98			
2	E1—0360×2	后期养护　色带　子目×2	10 m^2	0.9	174.68			
		8. 栽植紫叶小檗绿篱						

续表

序号	定额编号	子目名称	工程量		价值		其中（元）	
			单位	数量	单价	合价	人工费	材料费
1	E1—0142	普坚土种植　紫叶小檗绿篱双行间距 0.4 m　高度 1.2 m 以内	m	8	15.33			
主材	补充主材 006	紫叶小檗绿篱 *H*=80 cm	m	8	36			
2	E1—0353×2	后期养护　绿篱　子目×2	10 m	0.8	174.88			
		9. 栽植一串红						
1	E1—0208	一串红	10 m²	0.5	41.65			
主材	补充主材 007	一串红 *H*=20 cm	m²	5	50			
2	E1—0356×2	后期养护　花卉　子目×2	10 m²	0.5	87.12			
		10. 满铺草坪						
1	E1—0205	铺草卷	10 m²	34.2	26.81			
主材	补充主材 008	铺草卷	m²	342	7			
2	E1—0354×2	后期养护　冷草　子目×2	10 m²	34.2	114.34			
	0105	三、园路工程						
		1. 透水砖路面						
	E1—0007	人工挖路床	m³	10.81	30.45			
	E1—0657	200 厚粗沙垫层	m³	4.74	81.60			
	E1—0661	150 厚 C15 混凝土垫层	m³	3.56	424			
	E1—0571	花岗岩边石 500×100×100	m	70.1	119.08			
	E1—0537 换	铺 200×200×60 透水砖	m²	23.7	143.27			
主材费合计								
直接费合计								

编制人：　　　　　　　　　　审核人：　　　　　　　　　　编制时间：

说明：其他项目填写方法相同，本节不再赘述。

3. 计算直接工程费、人工费、材料费（机械费看实际需要）

根据表 2—27 中的各分项工程的工程量、基价、人工费单价、材料费单价计算直接费（合价）、人工费、材料费，填入表 2—41 中。

合价 = 工程量 × 单价（基价）

人工费 = 工程量 × 人工单价

材料费 = 工程量 × 材料单价

机械费 = 工程量 × 机械单价

下面分别讲述工程预算书中各项费用的计算方法：

（1）绿地整理

1）整理绿化用地。由定额可知（见表 2—18），整理绿化用地的单价为 3.78 元 /m^2，由工程量计算表可知，整理绿化用地工程量为 585 m^2，人工单价为 3.78 元 /m^2。

整理绿化用地合价 = 工程量 × 人工单价 =585×3.78=2 211.3 元

人工费 = 工程量 × 人工单价 =585×3.78=2 211.3 元

2）客土。由定额可知（见表 2—19），草坪、花卉客土单价为 77.81 元 /10 m^2，客土人工费单价为 77.81 元 /10 m^2；由工程量计算表可知，客土（厚度 0.3 m）工程量为 58.5×10 m^2，土方工程量为 175.5 m^3，土方材料单价为 25 元 /m^3。

客土合价 = 工程量 × 人工单价 =58.5×77.81≈4 551.89 元

人工费 = 工程量 × 人工单价 =58.5×77.81≈4 551.89 元

土方主材费 = 工程量 × 材料单价 =175.5×25=4 387.5 元

绿地整理工程预算书中，见表 2—28。

表 2—28　　单位工程预算书

工程名称：小游园园林工程　　第　页　共　页

序号	定额编号	子目名称	工程量		价值		其中（元）	
			单位	数量	单价	合价	人工费	材料费
	0102	一、绿地整理				6 763.19	6 763.19	
1	E1—0024	整理绿化用地	m^2	585	3.78	2 211.3	2 211.3	
2	E1—0127	草坪、花卉客土　厚度 0.3 m	10 m^2	58.5	77.81	4 551.89	4 551.89	
主材	E551003@1	土	m^3	175.5	25	4 387.5		
	0103	二、栽植花木						
	—	—	—	—	—	—	—	—

（2）栽植工程（见表 2—29 至表 2—40）

表 2—29　吉林省园林及仿古建筑工程计价定额［第一节　普坚土种植］（裸根乔木） 单位：株

定额编号	E1—0130	E1—0131
项目名称	裸根乔木	
	胸径（cm 以内）	
	10	13
基价	56.24	99.79

续表

定额编号				E1—0130	E1—0131
其中	人工费 材料费 机械费			38.85 17.39 —	41.79 37.29 20.71
名称		单位	单价（元）	数量	
人工	综合工日	工日	105.00	0.370	0.398
材料	毛竹尖	根	5.00	2.000	—
	草绳	kg	1.11	1.100	1.430
	水	t	9.00	0.660	0.825
	木杆	根	25.00	—	1.100
	其他材料费	元	1.00	0.230	0.770
机械	汽车起重机 8 t	台班	690.42	—	0.030

表 2—30　吉林省园林及仿古建筑工程计价定额［第一节　普坚土种植］（裸根灌木）

定额编号				E1—0135	E1—0136	E1—0137	E1—0138
项目名称				裸根灌木			
				高度（cm 以内）			
				1.5	1.8	2	2.5
基价				10.56	12.98	17.43	22.80
其中	人工费 材料费 机械费			7.56 3.00 —	9.98 3.00 —	12.92 4.51 —	16.8 6.00 —
名称		单位	单价（元）	数量			
人工	综合工日	工日	105.00	0.072	0.095	0.123	0.160
材料	水	t	9.00	0.330	0.330	0.495	0.660
	其他材料费	元	1.00	0.030	0.030	0.050	0.060

表 2—31　吉林省园林及仿古建筑工程计价定额［第一节　普坚土种植］（绿篱）

定额编号		E1—0142	E1—0143	E1—0144
项目名称		绿篱		
		双行高度（cm 以内）		
		1.2	1.5	2
基价		15.33	25.41	31.93
其中	人工费 材料费 机械费	11.13 4.20 —	20.16 5.25 —	22.47 9.46 —

续表

定额编号				E1—0142	E1—0143	E1—0144
名称		单位	单价（元）	数量		
人工	综合工日	工日	105.00	0.106	0.192	0.214
材料	水	t	9.00	0.462	0.578	1.040
	其他材料费	元	1.00	0.040	0.050	0.100

表 2—32　吉林省园林及仿古建筑工程计价定额［第一节　普坚土种植］（色带）

定额编号				E1—0145	E1—0146	E1—0147	E1—0148
项目名称				色带			
				高度（cm 以内）			
				0.8	1.2	1.5	1.8
基价				15.08	24.21	32.23	39.58
其中	人工费			12.08	21.21	27.72	35.58
	材料费			3.00	3.00	4.51	4.51
	机械费			—	—	—	—
名称		单位	单价（元）	数量			
人工	综合工日	工日	105.00	0.115	0.202	0.264	0.334
材料	水	t	9.00	0.330	0.330	0.495	0.495
	其他材料费	元	1.00	0.030	0.030	0.050	0.050

表 2—33　吉林省园林及仿古建筑工程计价定额［第一节　普坚土种植］（土球苗木）（一）

定额编号				E1—0149	E1—0150	E1—0151
项目名称				土球苗木（球径 cm× 深 cm）		
				30×20	50×40	70×50
基价				73.24	22.11	58.88
其中	人工费			42.21	19.11	30.98
	材料费			24.13	3.00	22.38
	机械费			6.90	—	5.52
名称		单位	单价（元）	数量		
人工	综合工日	工日	105.00	0.402	0.722	0.974
材料	毛竹尖	根	5.00	3.000	3.000	—
	扎绑绳	kg	3.80	—	—	1.500
	草绳	kg	1.11	1.000	1.000	—
	支柱	根	28.00	—	—	1.100
	水	t	9.00	0.852	1.155	1.320
	其他材料费	元	1.00	0.350	0.540	0.960
机械	汽车起重机 8 t	台班	690.42	0.010	0.050	0.076

说明：直径 40 cm 的土球定额编号只能选用 E1—0150。

表 2—34　吉林省园林及仿古建筑工程计价定额 [第一节　普坚土种植](土球苗木)(二)

定额编号				E1—0152	E1—0153	E1—0154
项目名称				土球苗木（球径 cm× 深 cm）		
				80×60	100×80	120×90
基价				73.24	137.38	204.08
其中	人工费			42.21	75.81	102.27
	材料费			24.13	27.05	49.34
	机械费			6.90	34.52	52.47
名称		单位	单价（元）	数量		
人工	综合工日	工日	105.00	0.402	0.722	0.974
材料	毛竹尖	根	5.00	3.000	3.000	—
	扎绑绳	kg	3.80	—	—	1.500
	草绳	kg	1.11	1.000	1.000	—
	支柱	根	28.00	—	—	1.100
	水	t	9.00	0.852	1.155	1.320
	其他材料费	元	1.00	0.350	0.540	0.960
机械	汽车起重机 8 t	台班	690.42	0.010	0.050	0.076

表 2—35　吉林省园林及仿古建筑工程计价定额 [第三节　种植攀缘植物、草坪、花卉、立体花坛](草坪)

单位：10 m²

定额编号				E1—0204	E1—0205	E1—0206	E1—0207
项目名称				草坪			
				种草坪	铺草坪	播草籽	植草砖孔内植草
基价				45.22	26.81	28.00	55.11
其中	人工费			33.60	14.28	16.38	47.36
	材料费			11.62	12.53	11.62	7.75
	机械费			—	—	—	—
名称		单位	单价（元）	数量			
人工	综合工日	工日	105.00	0.320	0.136	0.156	0.451
材料	土	m^3		—	—	—	（0.300）
	肥料综合	kg	105.00	0.550	0.550	0.550	0.367
	水	t	9.00	0.550	0.650	0.550	0.367
	其他材料费	元	1.00	0.070	0.080	0.070	0.050

说明：铺草坪定额单位是 10 m^2，工程量单位 m^2 要调整为与定额一致，即 10 m^2。

表 2—36　吉林省园林及仿古建筑工程计价定额［第三节　种植攀缘植物、草坪、花卉、立体花坛］(花卉)

定额编号				E1—0208	E1—0209	E1—0210	E1—0211
项目名称				花卉			
				一、二年生花卉	宿根	木本	播花种
基价				41.65	50.47	41.93	29.68
其中	人工费			30.03	38.85	29.40	18.06
	材料费			11.62	11.62	12.53	11.62
	机械费			—	—	—	—
名称		单位	单价（元）	数量			
人工	综合工日	工日	105.00	0.286	0.370	0.280	0.172
材料	肥料综合	kg	105.00	0.550	0.550	0.550	0.550
	水	t	9.00	0.550	0.550	0.650	0.550
	其他材料费	元	1.00	0.070	0.070	0.080	0.070

说明：定额中栽植一、二年生花卉单位是 m^2，计算花卉单价时，要根据设计每平方米栽植株数确定每平方米的花卉单价。

表 2—37　吉林省园林及仿古建筑工程计价定额［第十节　后期养护］(一)　单位：10 株

定额编号				E1—0351	E1—0352
项目名称				后期养护	
				乔木及果树	灌木
基价				272.39	180.82
其中	人工费			229.85	161.18
	材料费			32.67	12.59
	机械费			9.87	7.05
名称		单位	单价（元）	数量	
人工	综合工日	工日	105.00	2.189	1.535
材料	农药　综合	kg	50.00	0.95	0.062
	肥料　综合	kg	12.00	0.039	0.023
	水	t	9.00	3.000	1.000
	其他材料费	元	1.00	0.450	0.210
机械	喷药车	台班	470.22	0.021	0.015

表 2—38 吉林省园林及仿古建筑工程计价定额［第十节 后期养护］(二)

定额编号				E1—0353	E1—0354
项目名称				后期养护	
				绿篱	冷草
				(10 m)	(10 m²)
基价				87.44	57.17
其中	人工费			66.89	37.80
	材料费			13.50	9.88
	机械费			7.05	9.49
名称		单位	单价(元)	数量	
人工	综合工日	工日	105.00	0.637	0.360
材料	农药综合	kg	50.00	0.062	0.066
	肥料综合	kg	12.00	0.023	—
	水	t	9.00	1.100	0.700
	其他材料费	元	1.00	0.220	0.280
机械	喷药车	台班	470.22	0.015	0.012
	剪草机	台班	110.11	—	0.035

表 2—39 吉林省园林及仿古建筑工程计价定额［第十节 后期养护］(三)

定额编号				E1—0355	E1—0356
项目名称				后期养护	
				暖草	花卉
基价				41.26	43.56
其中	人工费			25.20	25.20
	材料费			9.69	12.72
	机械费			6.37	5.64
名称		单位	单价(元)	数量	
人工	综合工日	工日	105.00	0.240	0.240
材料	农药综合	kg	50.00	0.100	0.053
	肥料综合	kg	12.00	—	0.450
	水	t	9.00	0.500	0.500
	其他材料费	元	1.00	0.190	0.170
机械	喷药车	台班	470.22	0.007	0.012
	剪草机	台班	110.11	0.028	—

表 2—40　吉林省园林及仿古建筑工程计价定额［第十节　后期养护］(四)

定额编号				E1—0360	E1—0361
项目名称				后期养护	
				色带	水生植物
基价				87.34	54.38
其中	人工费			75.60	47.04
	材料费			6.10	2.64
	机械费			5.64	4.70
名称		单位	单价（元）	数量	
人工	综合工日	工日	105.00	0.720	0.448
材料	农药综合	kg	50.00	0.042	0.041
	肥料综合	kg	12.00	0.045	0.041
	水	t	9.00	0.370	—
	其他材料费	元	1.00	0.130	0.100
机械	喷药车	台班	470.22	0.012	0.010

1）栽植丛生九角枫（3~4 分枝，每分枝 4~5 cm）土球直径 120 cm。由定额可知：普坚土栽植土球直径 120 cm，乔木单价为 204.08 元 / 株、人工单价为 102.27 元 / 株、材料单价为 49.34 元 / 株、机械单价为 52.47 元 / 株；乔木后期养护单价为 272.39 元 /10 株、人工单价为 229.85 元 /10 株、材料单价为 32.67 元 /10 株、机械单价为 9.87 元 /10 株。由工程量计算表可知：丛生九角枫工程量为 2 株。丛生九角枫苗木单价（主材费为市场价）为 1 500 元 / 株，养护期 2 年。

栽植丛生九角枫合价 = 工程量 × 乔木单价 =2×204.08=408.16 元

栽植丛生九角枫人工费 = 工程量 × 人工单价 =2×102.27=204.54 元

栽植丛生九角枫材料费 = 工程量 × 材料单价 =2×49.34=98.68 元

栽植丛生九角枫主材费 = 工程量 × 苗木单价 =2×1 500=3 000 元

机械费计算方法与人工费、材料费计算方法相同，根据表格需要填写。

后期养护费合价 = 工程量 × 养护单价 × 养护期 =0.2×272.39×2=108.96 元

后期养护费人工费 = 工程量 × 人工单价 × 养护期 =0.2×229.85×2=91.94 元

后期养护费材料费 = 工程量 × 材料单价 × 养护期 =0.2×32.67×2≈13.07 元

后期养护费机械费计算方法与人工费、材料费计算方法相同，根据表格需要填写。

注：后期养护填写工程量时要特别注意单位的调整。

2）栽植银杏 D=12 cm、土球直径 100 cm。由定额可知：普坚土栽植土球直径 100 cm 乔木单价为 137.38 元 / 株、人工单价为 75.81 元 / 株、材料单价为 27.05 元 / 株、机械单价为 34.52 元 / 株；乔木后期养护单价为 272.39 元 /10 株、人工单价为 229.85 元 /10 株、材料单价为 32.67 元 /10 株、机械单价为 9.87 元 /10 株。由工程量计算表可知：银杏工程量为 9 株。银杏苗木价为（主材费为市场价）550 元 / 株，养护期 2 年。

栽植银杏合价 = 工程量 × 乔木单价 =9×137.38=1 236.42 元

栽植银杏人工费 = 工程量 × 人工单价 =9×75.81=682.29 元

栽植银杏材料费 = 工程量 × 材料单价 =9×27.05=243.45 元

栽植银杏主材费 = 工程量 × 苗木单价 =9×550=4 950 元

机械费计算方法与人工费、材料费计算方法相同，根据表格需要填写。

后期养护费合价 = 工程量 × 养护单价 × 养护期 =0.9×272.39×2≈490.3 元

后期养护费人工费 = 工程量 × 人工单价 × 养护期 =0.9×229.85×2=413.73 元

后期养护费材料费 = 工程量 × 材料单价 × 养护期 =0.9×32.67×2≈58.81 元

后期养护费机械费计算方法与人工费、材料费计算方法相同，根据表格需要填写。

注：后期养护填写工程量时要特别注意单位的调整。

3）栽植国槐胸径 D=10 cm、裸根。由定额可知：普坚土栽植胸径 D=10 cm 裸根乔木单价为 56.24 元 / 株、人工单价为 38.85 元 / 株、材料单价为 17.39 元 / 株；乔木后期养护单价为 272.39 元 /10 株、人工单价为 229.85 元 /10 株、材料单价为 32.67 元 /10 株、机械单价为 9.87 元 /10 株。由工程量计算表可知：国槐工程量为 7 株。国槐苗木单价为（主材费为市场价）450 元 / 株，养护期 2 年。

栽植国槐合价 = 工程量 × 裸根乔木单价 =7×56.24=393.68 元

栽植国槐人工费 = 工程量 × 人工单价 =7×38.85=271.95 元

栽植国槐材料费 = 工程量 × 材料单价 =7×17.39=121.73 元

栽植国槐主材费 = 工程量 × 苗木单价 =7×450=3 150 元

机械费计算方法与人工费、材料费计算方法相同，根据表格需要填写。

后期养护费合价 = 工程量 × 养护单价 × 养护期 =0.7×272.39×2≈381.35 元

后期养护费人工费 = 工程量 × 人工单价 × 养护期 =0.7×229.85×2=321.79 元

后期养护费材料费 = 工程量 × 材料单价 × 养护期 =0.7×32.67×2≈45.74 元

后期养护费机械费计算方法与人工费、材料费计算方法相同，根据表格需要填写。

注：后期养护不区分裸根和带土球及规格大小，只是按类别划分定额编号。

4）栽植王族海棠 D=8 cm、土球直径 60 cm。由定额可知：普坚土栽植土球直径 60 cm 乔木单价为 58.88 元 / 株、人工单价为 30.98 元 / 株、材料单价为 22.38 元 / 株、机械单价为 5.52 元 / 株；乔木后期养护单价为 272.39 元 /10 株、人工单价为 229.85 元 /10 株、材料单价为 32.67 元 /10 株、机械单价为 9.87 元 /10 株。由工程量计算表可知：

王族海棠工程量为 16 株。王族海棠苗木价为（主材费为市场价）240 元 / 株，养护期 2 年。

栽植王族海棠合价 = 工程量 × 乔木单价 =16×58.88=942.08 元

栽植王族海棠人工费 = 工程量 × 人工单价 =16×30.98=495.68 元

栽植王族海棠材料费 = 工程量 × 材料单价 =16×22.38=358.08 元

栽植王族海棠主材费 = 工程量 × 苗木单价 =16×240=3 840 元

机械费计算方法与人工费、材料费计算方法相同，根据表格需要填写。

后期养护费合价 = 工程量 × 养护单价 × 养护期 =1.6×272.39×2≈871.65 元

后期养护费人工费 = 工程量 × 人工单价 × 养护期 =1.6×229.85×2=735.52 元

后期养护费材料费 = 工程量 × 材料单价 × 养护期 =1.6×32.67×2=104.54 元

后期养护费机械费计算方法与人工费、材料费计算方法相同，根据表格需要填写。

5）栽植小桃红 W=100 cm、裸根。由定额可知：普坚土栽植 W=100 cm 裸根灌木单价为 10.56 元 / 株、人工单价为 7.56 元 / 株、材料单价为 3 元 / 株；灌木后期养护单价为 180.82 元 /10 株、人工单价为 161.18 元 /10 株、材料单价为 12.59 元 /10 株、机械单价为 7.05 元 /10 株。由工程量计算表可知：小桃红工程量为 9 株。小桃红苗木价（主材费为市场价）为 50 元 / 株，养护期 2 年。

栽植小桃红合价 = 工程量 × 裸根灌木单价 =9×10.56=95.04 元

栽植小桃红人工费 = 工程量 × 人工单价 =9×7.56=68.04 元

栽植小桃红材料费 = 工程量 × 材料单价 =9×3=27 元

栽植小桃红主材费 = 工程量 × 苗木单价 =9×50=450 元

机械费计算方法与人工费、材料费计算方法相同，根据表格需要填写。

后期养护费合价 = 工程量 × 养护单价 × 养护期 =0.9×180.82×2≈325.48 元

后期养护费人工费 = 工程量 × 人工单价 × 养护期 =0.9×161.18×2≈290.12 元

后期养护费材料费 = 工程量 × 材料单价 × 养护期 =0.9×12.59×2≈22.66 元

后期养护费机械费计算方法与人工费、材料费计算方法相同，根据表格需要填写。

6）栽植金叶榆球 W=80 cm、土球直径 40 cm。由定额可知：普坚土栽植 W=40 cm 土球灌木单价为 22.11 元 / 株、人工单价为 19.11 元 / 株、材料单价为 3 元 / 株；灌木后期养护单价为 180.82 元 /10 株、人工单价为 161.18 元 /10 株、材料单价为 12.59 元 /10 株、机械单价为 7.05 元 /10 株。由工程量计算表可知：金叶榆球工程量为 12 株。金叶榆球苗木价为（主材费为市场价）80 元 / 株，养护期 2 年。

栽植金叶榆球合价 = 工程量 × 灌木单价 =12×22.11=265.32 元

栽植金叶榆球人工费 = 工程量 × 人工单价 =12×19.11=229.32 元

栽植金叶榆球材料费 = 工程量 × 材料单价 =12×3=36 元

栽植金叶榆球主材费 = 工程量 × 苗木单价 =12×80=960 元

机械费计算方法与人工费、材料费计算方法相同，根据表格需要填写。

后期养护费合价 = 工程量 × 养护单价 × 养护期 =1.2×180.82×2≈433.97 元

后期养护费人工费 = 工程量 × 人工单价 × 养护期 =1.2×161.18×2≈386.83 元

后期养护费材料费 = 工程量 × 材料单价 × 养护期 =1.2×7.05×2=16.92 元

后期养护费机械费计算方法与人工费、材料费计算方法相同，根据表格需要填写。

7）栽植小叶黄杨模纹 H=30 cm。由定额可知：普坚土栽植 H=30 cm 模纹单价为 15.08 元 /m^2、人工单价为 12.08 元 /m^2、材料单价为 3 元 /m^2；模纹后期养护单价为 87.34 元 /10 m^2、人工单价为 75.60 元 /10 m^2、材料单价为 6.1 元 /10 m^2、机械单价为 5.64 元 /10 m^2。由工程量计算表可知：小叶黄杨模纹工程量为 9 m^2。小叶黄杨苗木价为（主材费为市场价）98 元 /m^2，养护期 2 年。

栽植小叶黄杨模纹合价 = 工程量 × 模纹单价 =9×15.08=135.72 元

栽植小叶黄杨模纹人工费 = 工程量 × 人工单价 =9×12.08=108.72 元

栽植小叶黄杨模纹材料费 = 工程量 × 材料单价 =9×3=27 元

栽植小叶黄杨模纹主材费 = 工程量 × 苗木单价 =9×98=882 元

机械费计算方法与人工费、材料费计算方法相同，根据表格需要填写。

后期养护费合价 = 工程量 × 养护单价 × 养护期 =0.9×87.34×2≈157.21 元

后期养护费人工费 = 工程量 × 人工单价 × 养护期 =0.9×75.6×2=136.08 元

后期养护费材料费 = 工程量 × 材料单价 × 养护期 =0.9×6.1×2=10.98 元

后期养护费机械费计算方法与人工费、材料费计算方法相同，根据表格需要填写。

8）栽植紫叶小檗绿篱 H=80 cm。由定额可知：普坚土栽植 H=80 cm 绿篱单价为 15.33 元 /m、人工单价为 11.13 元 /m、材料单价为 4.2 元 /m；模纹后期养护单价为 87.44 元 /10 m、人工单价为 66.89 元 /10 m、材料单价为 13.5 元 /10 m、机械单价为 7.05 元 /10 m。由工程量计算表可知：紫叶小檗绿篱工程量为 8 m。紫叶小檗苗木单价（主材费为市场价）36 元 /m，养护期 2 年。

栽植紫叶小檗绿篱合价 = 工程量 × 绿篱单价 =8×15.33=122.64 元

栽植紫叶小檗绿篱人工费 = 工程量 × 人工单价 =8×11.13=89.04 元

栽植紫叶小檗绿篱材料费 = 工程量 × 材料单价 =8×4.2=33.6 元

栽植紫叶小檗绿篱主材费 = 工程量 × 苗木单价 =8×36=288 元

机械费计算方法与人工费、材料费计算方法相同，根据表格需要填写。

后期养护费合价 = 工程量 × 养护单价 × 养护期 =0.8×87.44×2≈139.9 元

后期养护费人工费 = 工程量 × 人工单价 × 养护期 =0.8×66.89×2=107.02 元

后期养护费材料费 = 工程量 × 材料单价 × 养护期 =0.8 × 13.5 × 2=21.6 元

后期养护机械费计算方法与人工费、材料费计算方法相同，根据表格需要填写。

9）栽植一串红。由定额可知：普坚土栽植一串红单价为 41.65 元 /10 m^2、人工单价为 30.03 元 /10 m^2、材料单价为 11.62 元 /10 m^2；模纹后期养护单价为 43.56 元 /10 m^2、人工单价为 25.2 元 /10 m^2、材料单价为 12.72 元 /10 m^2、机械单价为 5.64 元 /10 m^2。由工程量计算表可知：一串红工程量为 0.5 × 10 m^2。一串红苗价（主材费为市场价）为 50 元 /m^2，养护期 2 年。

栽植一串红合价 = 工程量 × 一串红单价 =0.5 × 41.65≈20.83 元

栽植一串红人工费 = 工程量 × 人工单价 =0.5 × 30.03≈15.02 元

栽植一串红材料费 = 工程量 × 材料单价 =0.5 × 11.62=5.81 元

栽植一串红主材费 = 工程量 × 苗木单价 =5 × 50=250 元

机械费计算方法与人工费、材料费计算方法相同，根据表格需要填写。

后期养护费合价 = 工程量 × 养护单价 × 养护期 =0.5 × 43.56 × 2=43.56 元

后期养护费人工费 = 工程量 × 人工单价 × 养护期 =0.5 × 25.2 × 2=25.2 元

后期养护费材料费 = 工程量 × 材料单价 × 养护期 =0.5 × 12.72 × 2=12.72 元

后期养护费机械费计算方法与人工费、材料费计算方法相同，根据表格需要填写。

10）栽植草坪。由定额可知：普坚土栽植草坪单价为 26.81 元 /10 m^2、人工单价为 14.28 元 /10 m^2、材料单价为 12.53 元 /10 m^2；模纹后期养护单价为 57.17 元 /10 m^2、人工单价为 37.8 元 /10 m^2、材料单价为 9.88 元 /10 m^2、机械单价为 9.49 元 /10 m^2。由工程量计算表可知：草坪工程量为 34.2 × 10 m^2。草坪单价为（主材费为市场价）7 元 /m^2，养护期 2 年。

栽植草坪合价 = 工程量 × 草坪单价 =34.2 × 26.81≈916.9 元

栽植草坪人工费 = 工程量 × 人工单价 =34.2 × 14.28≈488.38 元

栽植草坪材料费 = 工程量 × 材料单价 =34.2 × 12.53≈428.53 元

栽植草坪主材费 = 工程量 × 苗木单价 =342 × 7=2 394 元

机械费计算方法与人工费、材料费计算方法相同，根据表格需要填写。

后期养护费合价 = 工程量 × 养护单价 × 养护期 =34.2 × 57.17 × 2≈3 910.43 元

后期养护费人工费 = 工程量 × 人工单价 × 养护期 =34.2 × 37.8 × 2=2 585.52 元

后期养护费材料费 = 工程量 × 材料单价 × 养护期 =34.2 × 9.88 × 2≈675.79 元

后期养护费机械费计算方法与人工费、材料费计算方法相同，根据表格需要填写。

栽植工程预算书见表 2—41。

表 2—41　　　　　　　　　**单位工程预算书**

工程名称：小游园园林工程　　　　　　　　　　　　　　　　第　页　共　页

序号	定额编号	子目名称	工程量		价值		其中（元）	
			单位	数量	单价	合价	人工费	材料费
	0102	一、绿地整理						
	—	—	—	—	—	—	—	—
	0103	二、栽植花木				11 399.6	7 746.73	2 376.01
		1. 栽植丛生九角枫				517.12	296.48	111.75
1	E1—0154	丛生九角枫（3～4 分枝，每分枝 4～5 cm） 土球直径 120 cm	株	2	204.08	408.16	204.54	98.68
主材	补充主材 001	丛生九角枫（3～4 分枝，每分枝 4～5 cm） 土球直径 120 cm	株	2	1 500	3 000		
2	E1—0351×2	后期养护　乔木及果树子目×2	10 株	0.2	544.78	108.96	91.94	13.07
		2. 栽植银杏				1 726.72	1 096.02	302.26
1	E1—0153	普坚土种植银杏　土球苗土　球径 100 cm× 深 80 cm	株	9	137.38	1 236.42	682.29	243.45
主材	补充主材 002@1	银杏　胸径 D=12 cm　土球直径 100 cm	株	9	550	4 950		
2	E1—0351×2	后期养护　乔木及果树子目×2	10 株	0.9	544.78	490.3	413.73	58.81
		3. 栽植国槐				775.03	593.74	167.47
1	E1—0130	普坚土种植国槐　裸根乔木　胸径 10 cm 以内	株	7	56.24	393.68	271.95	121.73
主材	补充主材 003@1	国槐胸径 D=10 cm	株	7	450	3 150		
2	E1—0351×2	后期养护　乔木及果树子目×2	10 株	0.7	544.78	381.35	321.79	45.74
		4. 栽植王族海棠				1 813.73	1 231.2	462.62
1	E1—0151	普坚土种植王族海棠 土球苗土　球径 70 cm× 深 50 cm	株	16	58.88	942.08	495.68	358.08
主材	补充主材 004	王族海棠胸径 D=8 cm 土球直径 60 cm	株	16	240	3 840		
2	E1—0351×2	后期养护　乔木及果树子目×2	10 株	1.6	544.78	871.65	735.52	104.54

续表

序号	定额编号	子目名称	工程量		价值		其中（元）	
			单位	数量	单价	合价	人工费	材料费
		5. 栽植小桃红				420.52	358.16	49.66
1	E1—0135	普坚土种植小桃红　裸根灌木　高度 1.5 m 以内	株	9	10.56	95.04	68.04	27
主材	补充主材 002	小桃红冠幅 W=100 cm	株	9	50	450		
2	E1—0352×2	后期养护　灌木　子目×2	10 株	0.9	361.64	325.48	290.12	22.66
		6. 栽植金叶榆球				699.29	616.15	66.22
1	E1—0150	普坚土种植金叶榆球 土球苗土　球径 50 cm× 深 40 cm	株	12	22.11	265.32	229.32	36
主材	补充主材 003	金叶榆球冠幅 W=80 cm 土球直径 40 cm	株	12	80	960		
2	E1—0352×2	后期养护　灌木　子目×2	10 株	1.2	361.64	433.97	386.83	30.22
		7. 栽植小叶黄杨				292.93	244.8	37.98
1	E1—0145	普坚土种植小叶黄杨　色带　高度 0.8 m 以内	m^2	9	15.08	135.72	108.72	27
主材	补充主材 005	小叶黄杨模纹修剪后 H=30 cm	m^2	9	98	882		
2	E1—0360×2	后期养护　色带　子目×2	10 m^2	0.9	174.68	157.21	136.08	10.98
		8. 栽植紫叶小檗绿篱				262.54	196.06	55.2
1	E1—0142	普坚土种植　紫叶小檗绿篱　双行间距 0.4 m 高度 1.2 m 以内	m	8	15.33	122.64	89.04	33.6
主材	补充主材 006	紫叶小檗绿篱 H=80 cm	m	8	36	288		
2	E1—0353×2	后期养护　绿篱　子目×2	10 m	0.8	174.88	139.9	107.02	21.6
		9. 栽植一串红				64.39	40.22	18.53
1	E1—0208	一串红	10 m^2	0.5	41.65	20.83	15.02	5.81
主材	补充主材 007	一串红 H=20 cm	m^2	5	50	250		
2	E1—0356×2	后期养护　花卉　子目×2	10 m^2	0.5	87.12	43.56	25.2	12.72
		10. 满铺草坪				4 827.33	3 073.9	1 104.32
1	E1—0205	铺草卷	10 m^2	34.2	26.81	916.9	488.38	428.53

续表

序号	定额编号	子目名称	工程量		价值		其中（元）	
			单位	数量	单价	合价	人工费	材料费
主材	补充主材 008	铺草卷	m^2	342	7	2 394		
2	E1—0354×2	后期养护 冷草 子目×2	10 m^2	34.2	114.34	3 910.43	2 585.52	675.79
	0105	三、园路工程						
	—	—	—	—	—	—	—	—

说明：此工程预算书是按正常施工填写的。如果是冬季施工（11 月 15 日至下年 4 月 15 日）起苗、运输、种植及养护时相应定额人工费乘以系数 1.5。

（3）园路工程（见表 2—42 至表 2—53）

表 2—42 吉林省园林及仿古建筑工程计价定额［二、人工挖土方］ 单位：m^3

定额编号				E1—0007	E1—0008
项目名称				人工挖路槽	挖淤泥流沙
基价				30.45	76.44
其中	人工费			30.45	76.44
	材料费			—	—
	机械费			—	—
名称		单位	单价（元）	数量	
人工	综合工日	工日	105.00	0.290	0.728

表 2—43 吉林省园林及仿古建筑工程计价定额［第一节 垫层］（一） 单位：m^3

定额编号				E1—0657	E1—0658
项目名称				垫层	
				沙	天然级配沙砾
基价				81.60	67.77
其中	人工费			16.80	2.52
	材料费			63.59	63.66
	机械费			1.21	1.59
名称		单位	单价（元）	数量	
人工	综合工日	工日	105.00	0.160	0.024
材料	沙子	m^3	60.00	1.030	—
	天然沙石	m^3	60.00	—	1.030
	其他材料费	m^3	1.00	1.790	1.860
机械	蛙式打夯机	台班	27.43	0.044	—
	碾压机	台班	530.48	—	0.003

表 2—44　吉林省园林及仿古建筑工程计价定额［第一节　垫层］(二)

定额编号				E1—0659	E1—0660
项目名称				垫层	
				机碎石	卵石灌浆
基价				109.33	132.73
其中	人工费			23.52	43.89
	材料费			84.22	88.13
	机械费			1.59	0.71
名称		单位	单价（元）	数量	
人工	综合工日	工日	105.00	0.224	0.418
材料	碎石、块石	m^3	65.00	1.193	—
	沙子	m^3	60.00	0.080	—
	卵石	m^3	45.00	—	0.850
	混合砂浆　M2.5	m^3	164.05	—	0.284
	其他材料费	元	1.00	1.870	3.290
机械	碾压机	台班	530.482	0.003	—
	蛙式打夯机	台班	7.43	—	0.026

表 2—45　吉林省园林及仿古建筑工程计价定额［第一节　垫层］(三)

定额编号				E1—0661	E1—0662
项目名称				垫层	
				混凝土	无机混合物
基价				424.00	142.78
其中	人工费			26.46	24.36
	材料费			389.96	98.67
	机械费			7.58	19.75
名称		单位	单价（元）	数量	
人工	综合工日	工日	105.00	0.252	0.232
材料	商品混凝土　C15	m^3	375.00	1.025	—
	混合砂浆　M2.5	m^3	164.05	—	0.300
	沙石混合料	m^3	60.00	—	0.70
	其他材料费	元	1.00	5.580	2.650
机械	小翻斗车　综合	台班	189.52	0.040	0.093
	碾压机	台班	530.48	—	0.004

表 2—46 吉林省园林及仿古建筑工程计价定额 [第二节 路牙] 单位：m

定额编号				E1—0570	E1—0571	E1—0572
项目名称				路牙		
				混凝土块	花岗岩	彩色
基价				48.07	119.08	115.60
其中	人工费			11.76	14.28	15.12
	材料费			35.05	103.54	99.22
	机械费			1.26	1.26	1.26
名称		单位	单价（元）	数量		
人工	综合工日	工日	105.00	0.112	0.136	0.144
材料	混凝土块道牙	m	31.00	1.000	—	—
	花岗岩块道牙	m	97.50	—	1.010	—
	彩色路缘石 100×180×140	m	91.10	—	—	1.020
	水泥砂浆 1∶3	m^3	241.01	0.012	0.012	0.020
	石灰砂浆 1∶3	m^3	105.16	0.006	0.006	—
	石灰	kg	0.19	0.010	0.010	—
	其他材料费	元	1.00	0.530	1.540	1.480
机械	灰浆搅拌机 200 L	台班	126.15	0.010	0.010	0.010

表 2—47 吉林省园林及仿古建筑工程计价定额 [二、块料路面]（一） 单位：m^2

定额编号				E1—0535	E1—0536	E1—0537
项目名称				铺大方砖	铺混凝土砌块砖	
					沙垫	浆垫
基价				76.93	133.06	138.48
其中	人工费			19.32	20.16	21.84
	材料费			56.35	112.90	115.38
	机械费			1.26	—	1.26
名称		单位	单价（元）	数量		
人工	综合工日	工日	105.00	0.184	0.192	0.208
材料	预制混凝土方砖 490×490×50	块	11.80	4.160	—	—
	混凝土砌块砖 200×100×60	块	2.13	—	51.000	51.000
	水泥砂浆 1∶3	m^3	241.01	0.025	—	—
	水泥 综合	kg	0.42	—	3.000	3.000
	混合砂浆 M5	m^3	171.25	—	—	0.20
	石灰	kg	0.19	2.000	—	—
	沙子	m^3	60.00	—	0.022	—
	其他材料费	元	1.00	0.850	1.690	1.720
机械	灰浆搅拌机 200 L	台班	126.15	0.010	—	0.010

表 2—48　吉林省园林及仿古建筑工程计价定额［二、块料路面］(二)　单位：m²

定额编号				E1—0542	E1—0543	E1—0544
项目名称				洗米石路面	雨花石路面	
				厚 30 mm	素墁	拼花
基价				71.87	108.80	173.80
其中	人工费			33.39	77.49	142.49
	材料费			38.48	30.05	30.05
	机械费			—	1.26	1.26
名称		单位	单价（元）	数量		
人工	综合工日	工日	105.00	0.318	0.738	1.357
材料	白水泥	kg	0.70	20.100	—	—
	建筑胶素白水泥浆	m³	1 506.30	0.002	—	—
	水泥砂浆　1：2.5	m³	275.45	—	0.036	0.036
	洗米石　3～5 cm	m³	600.00	0.033	—	—
	雨花石　1～3 cm	m³	580.00	—	0.033	0.033
	其他材料费	元	1.00	1.600	0.990	0.990
机械	灰浆搅拌机　200 L	台班	126.15	—	0.010	0.010

表 2—49　吉林省园林及仿古建筑工程计价定额［二、块料路面］(三)　单位：m²

定额编号				E1—0553	E1—0554
项目名称				汀步石	
基价				273.41	163.28
其中	人工费			25.20	25.20
	材料费			248.21	138.08
	机械费			—	—
名称		单位	单价（元）	数量	
人工	综合工日	工日	105.00	0.240	0.240
材料	汀步石　花岗岩　800×500×60	m²	240.00	1.010	—
	汀步石　青石板　800×500×60	m²	130.00	—	1.030
	沙子	m³	60.00	0.035	0.035
	其他材料费	元	1.00	3.710	3.080

表 2—50　吉林省园林及仿古建筑工程计价定额［二、块料路面］(四)　单位：m²

定额编号	E1—0559	E1—0560
项目名称	花岗岩地面	
	厚 30 mm	厚 50 mm

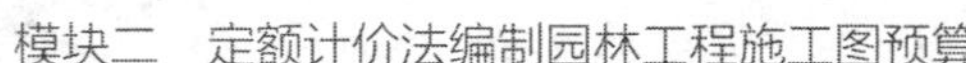

续表

定额编号				E1—0559	E1—0560
基价				203.87	242.48
其中	人工费			37.80	41.58
	材料费			163.43	198.26
	机械费			2.64	2.64
名称		单位	单价（元）	数量	
人工	综合工日	工日	105.00	0.360	0.396
材料	花岗岩　板 30 mm	m^2	150.00	1.010	—
	毛面花岗岩　板 50 mm	m^2	180.00	—	1.010
	石料切割机片	片	8.00	0.100	0.110
	水泥砂浆　1：2.5	m^3	275.45	0.030	0.040
	其他材料费	元	1.00	2.870	4.560
机械	石料切割机	台班	27.50	0.050	0.050
	灰浆搅拌机　200 L	台班	126.15	0.010	0.010

表 2—51　　吉林省园林及仿古建筑工程计价定额［二、块料路面］(五)　　单位：m^2

定额编号				E1—0563	E1—0564
项目名称				室外木地板	
				木龙骨	钢龙骨
				厚 50 mm 以内	
基价				352.71	479.55
其中	人工费			38.22	66.15
	材料费			312.96	413.40
	机械费			1.53	—
名称		单位	单价（元）	数量	
人工	综合工日	工日	105.00	0.364	0.630
材料	防腐木地板	m^2	220.00	1.050	1.050
	防腐木	m^3	3 500.00	0.019	—
	混合砂浆　M5	m^3	171.25	0.019	—
	镀锌铁丝　8#～12#	kg	4.50	0.324	—
	铁钉	kg	4.60	0.163	—
	六角螺栓带帽　M10×130	套	1.01	—	26.00
	电焊条　综合	kg	5.04	—	0.760
	防锈漆	kg	5.40	—	0.803
	型钢	kg	3.70	—	38.050
	其他材料费	元	1.00	10.00	7.180
机械	灰浆搅拌机　200 L	台班	126.15	0.005	—
	电动打磨机	台班	23.63	0.038	—

表 2—52 吉林省园林及仿古建筑工程计价定额［二、块料路面］(六) 单位：m^2

定额编号				E1—0059	E1—0060	E1—0061
项目名称				找平层		保护层
				平面	立面	
基价				14.44	18.64	16.69
其中	人工费			7.56	11.76	7.35
	材料费			6.50	6.50	8.96
	机械费			0.38	0.38	0.38
名称		单位	单价（元）	数量		
人工	综合工日	工日	105.00	0.072	0.112	0.070
材料	水泥砂浆 1∶3	m^3	275.45	0.022	0.022	0.022
	建筑胶	kg	2.30	—	—	1.050
	水	t	9.00	0.038	0.038	0.038
	其他材料费	元	1.00	0.100	0.100	0.140
机械	灰浆搅拌机 200 L	台班	126.15	0.003	0.003	0.003

表 2—53 吉林省园林及仿古建筑工程计价定额［第四节 油饰粉饰］ 单位：m^2

定额编号				E1—0928	E1—0929	E1—0930
项目名称				铁栅栏金属件	灰面	花架廊架油饰
				防锈漆一道，调和漆两道	乳胶漆三道	木制
基价				17.42	17.51	30.42
其中	人工费			11.34	8.40	10.08
	材料费			6.08	9.11	20.34
	机械费			—	—	—
名称		单位	单价（元）	数量		
人工	综合工日	工日	105.00	0.108	0.080	0.096
材料	防锈漆	kg	5.40	0.200	—	—
	室外乳胶漆	kg	16.00	—	0.410	—
	耐候木油	kg	85.00	—	—	0.225
	200 号溶剂汽油	kg	7.50	0.080	—	—
	无光调和漆	kg	14.40	0.150	—	—
	调和漆	kg	12.00	0.150	—	—
	色粉	kg	8.50	—	0.120	—
	其他材料费	元	1.00	0.440	1.530	1.210

1）透水砖路面。由工程量计算表 2—54 可知铺设透水砖路面的工程量。

表 2—54　　**工程量计算表**

工程名称：　　　　　　　　　　　　　　　　　　　　　　　　年　月　日

序号	项目名称	单位	计算公式	工程数量
1	一、透水砖路面			
2	挖路槽	m^3	$V=S_{底}\times H=23.7\times 0.456\approx 10.81\ m^3$	10.81
3	200 厚粗沙垫层	m^3	$V=S_{底}\times H=23.7\times 0.2=4.74\ m^3$	4.74
4	150 厚 C15 混凝土垫层	m^3	$V=S_{底}\times H=23.7\times 0.15\approx 3.56\ m^3$	3.56
5	花岗岩边石 500×100×100	m		70.1
6	50 厚 1∶3 干硬性水泥砂浆	m^2	定额包含了 20 厚砂浆的费用，因此要扣除	23.7
7	铺 200×200×60 透水砖	m^2		23.7
8	二、火烧板路面			
9	挖路槽	m^3	$V=S_{底}\times H=76.4\times 0.43\approx 32.85\ m^3$	32.85
10	200 厚粗沙垫层	m^3	$V=S_{底}\times H=76.4\times 0.2=15.28\ m^3$	15.28
11	150 厚 C15 混凝土垫层	m^2	$V=S_{底}\times H=76.4\times 0.15=11.46\ m^3$	11.46
12	花岗岩边石 500×100×100	m		58.4
13	50 厚 1∶3 干硬性水泥砂浆	m^2	定额包含了 20 厚砂浆的费用，因此要扣除	76.4
14	铺 300×600×30 火烧板	m^2		76.4
15	三、炭化木地板			
16	挖路槽	m^3	$V=S_{底}\times H=33.71\times 0.3\approx 10.11\ m^3$	10.11
17	200 厚粗沙垫层	m^3	$V=S_{底}\times H=33.71\times 0.2\approx 6.74\ m^3$	6.74
18	100 厚 C15 混凝土垫层	m^3	$V=S_{底}\times H=33.71\times 0.1\approx 3.37\ m^3$	3.37
19	20 厚 1∶3 水泥砂浆找平	m^2	$S=W\times L$	33.71
20	铺 120×30 炭化木地板	m^2		33.71
21	刷油	m^2		33.71
22	四、卵石路面			
23	挖路槽	m^3	$V=S_{底}\times H=6\times 0.4=2.4\ m^3$	2.4
24	200 厚碎石垫层	m^3	$V=S_{底}\times H=6\times 0.2=1.2\ m^3$	1.2
25	150 厚 C15 混凝土垫层	m^3	$V=S_{底}\times H=6\times 0.15=0.9\ m^3$	0.9
26	花岗岩边石 500×100×100	m		8
27	50 厚 1∶3 水泥砂浆嵌粒径为 20～30 卵石	m^2	$S=W\times L$	6
28	五、步石			
29	挖路槽	m^3	$V=S_{底}\times H=6.25\times 0.24=1.5\ m^3$	1.5
30	200 厚粗沙垫层	m^3	$V=S_{底}\times H=6.25\times 0.2=1.25\ m^3$	1.25
31	20 厚 1∶3 水泥砂浆粘贴 300×600×50 山东黄锈石	m^2		6.25

计算：　　　　　　　　　　核对：　　　　　　　　　　复核：

由定额可知：

人工挖路槽单价为 30.45 元 /m^3，人工单价为 30.45 元 /m^3。

沙垫层单价为 81.60 元 /m^3，人工单价为 16.80 元 /m^3，材料单价为 63.59 元 /m^3，机械单价为 1.21 元 /m^3。

混凝土垫层单价为 424.00 元 /m^3，人工单价为 26.46 元 /m^3，材料单价为 389.96 元 /m^3，机械单价为 7.58 元 /m^3。

花岗岩边石单价为 119.08 元 /m，人工单价为 14.28 元 /m，材料单价为 103.54 元 /m，机械单价为 1.26 元 /m。

定额规定：铺透水砖单价为 138.48 元 /m^2，人工单价为 21.84 元 /m^2，材料单价为 115.38 元 /m^2，机械单价为 1.26 元 /m^2。

人工挖路槽：

人工挖路槽合价 = 工程量 × 人工单价 =10.81 × 30.45≈329.16 元

人工挖路槽人工费 = 工程量 × 人工单价 =10.81 × 30.45≈329.16 元

沙垫层：

沙垫层合价 = 工程量 × 单价 =4.74 × 81.60≈386.78 元

沙垫层人工费 = 工程量 × 人工单价 =4.74 × 16.80≈79.63 元

沙垫层材料费 = 工程量 × 材料单价 =4.74 × 63.59≈301.42 元

机械费计算方法与人工费、材料费计算方法相同，根据表格需要填写。

混凝土垫层：

混凝土垫层合价 = 工程量 × 垫层单价 =3.56 × 424=1 509.44 元

混凝土垫层人工费 = 工程量 × 人工单价 =3.56 × 26.46≈94.2 元

混凝土垫层材料费 = 工程量 × 材料单价 =3.56 × 389.96≈1 388.26 元

花岗岩边石：

花岗岩边石合价 = 工程量 × 边石单价 =70.1 × 119.08≈8 347.51 元

花岗岩边石人工费 = 工程量 × 人工单价 =70.1 × 14.28≈1 001.03 元

花岗岩边石材料费 = 工程量 × 材料单价 =70.1 × 103.54≈7 258.15 元

说明：花岗岩边石主材费包含在定额中，如费用调整，在此处不显示，在材料差价表中显示。

铺透水砖：

铺透水砖合价 = 工程量 × 单价 =23.7 × 143.27≈3 395.5 元

铺透水砖人工费 = 工程量 × 人工单价 =23.7 × 21.84≈517.61 元

铺透水砖材料费 = 工程量 × 材料单价 =23.7 × 120.17≈2 848.03 元

说明：铺透水砖主材费包含在定额中，2.13 元 / 块，每平方米 51 块。

铺透水砖定额中包含了 20 厚 1：3 水泥砂浆，设计为 50 厚 1：3 干硬性水泥砂浆，在编写工程预算书时，在软件中可以把原来的 20 厚直接调整为 50 厚。故工程预算书中的定额编号由原来的 E1—0537 自动显示为 E1—0537 换。

2）火烧板路面。由工程量计算表 2—54 可知铺火烧板路面的工程量。

由定额可知：

人工挖路槽单价为 30.45 元 /m^3，人工单价为 30.45 元 /m^3。

沙垫层单价为 81.60 元 /m^3，人工单价为 16.80 元 /m^3，材料单价为 63.59 元 /m^3，机械单价为 1.21 元 /m^3。

混凝土垫层单价为 424.00 元 /m^3，人工单价为 26.46 元 /m^3，材料单价为 389.96 元 /m^3，机械单价为 7.58 元 /m^3。

花岗岩边石单价为 119.08 元 /m，人工单价为 14.28 元 /m，材料单价为 103.54 元 /m，机械单价为 1.26 元 /m。

铺火烧板路面单价为 203.87 元 /m^2，换算后单价为 209.38 元 /m^2，人工单价为 37.8 元 /m^2，材料单价为 163.43 元 /m^2，换算后材料单价为 168.94 元 /m^2，机械单价为 2.64 元 /m^2。

人工挖路槽：

人工挖路槽合价 = 工程量 × 人工单价 =32.85×30.45≈1 000.28 元

人工挖路槽人工费 = 工程量 × 人工单价 =32.85×30.45≈1 000.28 元

沙垫层：

沙垫层合价 = 工程量 × 沙垫层单价 =15.28×81.60≈1 246.85 元

沙垫层人工费 = 工程量 × 人工单价 =15.28×16.80≈256.7 元

沙垫层材料费 = 工程量 × 材料单价 =15.28×63.59≈971.66 元

机械费计算方法与人工费、材料费计算方法相同，根据表格需要填写。

混凝土垫层：

混凝土垫层合价 = 工程量 × 混凝土垫层单价 =11.46×424=4 859.04 元

混凝土垫层人工费 = 工程量 × 人工单价 =11.46×26.46≈303.23 元

混凝土垫层材料费 = 工程量 × 材料单价 =11.46×389.96≈4 468.94 元

花岗岩边石：

花岗岩边石合价 = 工程量 × 花岗岩边石单价 =58.4×119.08≈6 954.27 元

花岗岩边石人工费 = 工程量 × 人工单价 =58.4×14.28≈833.95 元

花岗岩边石材料费 = 工程量 × 材料单价 =58.4×103.54≈6 046.74 元

铺火烧板路面：

火烧板路面合价 = 工程量 × 换算后单价 =76.4×209.38≈15 996.63 元

火烧板路面人工费 = 工程量 × 人工单价 =76.4 × 37.8≈2 887.92 元

火烧板路面材料费 = 工程量 × 材料单价 =76.4 × 168.94≈12 907.02 元

3）炭化木地板。由工程量计算表 2—54 可知铺炭化木地板的工程量。

由定额可知：

人工挖路槽单价为 30.45 元 /m^3，人工单价为 30.45 元 /m^3。

沙垫层单价为 81.60 元 /m^3，人工单价为 16.80 元 /m^3，材料单价为 63.59 元 /m^3，机械单价为 1.21 元 /m^3。

混凝土垫层单价为 424.00 元 /m^3，人工单价为 26.46 元 /m^3，材料单价为 389.96 元 /m^3，机械单价为 7.58 元 /m^3。

水泥砂浆找平层单价为 14.44 元 /m，人工单价为 7.56 元 /m，材料单价为 6.50 元 /m，机械单价为 0.38 元 /m。

铺炭化木地板单价为 352.71 元 /m^2，人工单价为 38.22 元 /m^2，材料单价为 312.96 元 /m^2，机械单价为 1.53 元 /m^2。

刷油单价为 30.42 元 /m^2，人工单价为 10.08 元 /m^2，材料单价为 20.34 元 /m^2。

人工挖路槽：

人工挖路槽合价 = 工程量 × 人工挖路槽单价 =10.11 × 30.45=307.85 元

人工挖路槽人工费 = 工程量 × 人工单价 =10.11 × 30.45=307.85 元

沙垫层：

沙垫层合价 = 工程量 × 沙垫层单价 =6.74 × 81.60≈549.98 元

沙垫层人工费 = 工程量 × 人工单价 =6.74 × 16.80≈113.23 元

沙垫层材料费 = 工程量 × 材料单价 =6.74 × 63.59≈428.6 元

机械费计算方法与人工费、材料费计算方法相同，根据表格需要填写。

混凝土垫层：

混凝土垫层合价 = 工程量 × 混凝土垫层单价 =3.37 × 424=1 428.88 元

混凝土垫层人工费 = 工程量 × 人工单价 =3.37 × 26.46≈89.17 元

混凝土垫层材料费 = 工程量 × 材料单价 =3.37 × 389.96≈1 314.17 元

水泥砂浆找平：

水泥砂浆找平合价 = 工程量 × 水泥砂浆找平层单价 =33.71 × 14.44≈486.77 元

水泥砂浆找平人工费 = 工程量 × 人工单价 =33.71 × 7.56≈254.85 元

水泥砂浆找平材料费 = 工程量 × 材料单价 =33.71 × 6.50≈219.12 元

铺炭化木地板：

炭化木地板合价 = 工程量 × 铺炭化木地板单价 =33.71 × 352.71≈11 889.85 元

炭化木地板人工费 = 工程量 × 人工单价 =33.71 × 38.22≈1 288.4 元

炭化木地板材料费 = 工程量 × 材料单价 =33.71 × 312.95≈10 549.88 元

刷油：

刷油合价 = 工程量 × 刷油单价 =33.71 × 30.42≈1 025.46 元

刷油人工费 = 工程量 × 人工单价 =33.71 × 10.08≈339.8 元

刷油材料费 = 工程量 × 材料单价 =33.71 × 20.34≈685.66 元

4）卵石路面。由工程量计算表 2—54 可知铺卵石路面的工程量。

由定额可知：

人工挖路槽单价为 30.45 元 /m^3，人工单价为 30.45 元 /m^3。

碎石垫层单价为 109.33 元 /m^3，人工单价为 23.52 元 /m^3，材料单价为 84.22 元 /m^3，机械单价为 1.59 元 /m^3。

混凝土垫层单价为 424.00 元 /m^3，人工单价为 26.46 元 /m^3，材料单价为 389.96 元 /m^3，机械单价为 7.58 元 /m^3。

花岗岩边石单价为 119.08 元 /m，人工单价为 14.28 元 /m，材料单价为 103.54 元 /m，机械单价为 1.26 元 /m。

铺卵石路面单价为 108.80 元 /m^2，人工单价为 77.43 元 /m^2，材料单价为 30.05 元 /m^2，机械单价为 1.26 元 /m^2。

人工挖路槽：

人工挖路槽合价 = 工程量 × 人工单价 =2.4 × 30.45=73.08 元

人工挖路槽人工费 = 工程量 × 人工单价 =2.4 × 30.45=73.08 元

碎石垫层：

碎石垫层合价 = 工程量 × 碎石垫层单价 =1.2 × 109.33≈131.2 元

碎石垫层人工费 = 工程量 × 人工单价 =1.2 × 23.52≈28.22 元

碎石垫层材料费 = 工程量 × 材料单价 =1.2 × 84.22≈101.06 元

机械费计算方法与人工费、材料费计算方法相同，根据表格需要填写。

混凝土垫层：

混凝土垫层合价 = 工程量 × 混凝土垫层单价 =0.9 × 424=381.6 元

混凝土垫层人工费 = 工程量 × 人工单价 =0.9 × 26.46≈23.81 元

混凝土垫层材料费 = 工程量 × 材料单价 =0.9 × 389.96≈350.96 元

花岗岩边石：

花岗岩边石合价 = 工程量 × 铺卵石路面单价 =8 × 119.08=952.64 元

花岗岩边石人工费 = 工程量 × 人工单价 =8 × 14.28=114.24 元

花岗岩边石材料费 = 工程量 × 材料单价 =8×103.54=828.32 元

铺卵石路面路面：

卵石路面合价 = 工程量 × 铺卵石路面单价 =6×108.80=652.8 元

卵石路面人工费 = 工程量 × 人工单价 =6×77.49=464.94 元

卵石路面材料费 = 工程量 × 材料单价 =6×30.05=180.3 元

5）汀步石。由工程量计算表 2—54 可知铺步石的工程量。

由定额可知：

人工挖路槽单价为 30.45 元 /m^3，人工单价为 30.45 元 /m^3。

沙垫层单价为 81.60 元 /m^3，人工单价为 16.80 元 /m^3，材料单价为 63.59 元 /m^3，换算后单价为 248.42 元 /m^2，机械单价为 1.21 元 /m^3。

铺步石单价为 273.47 元 /m^2，换算后单价为 273.62 元 /m^2，人工单价为 25.20 元 /m^2，材料单价为 248.21 元 /m^2。

人工挖路槽：

人工挖路槽合价 = 工程量 × 人工单价 =1.5×30.45≈45.68 元

人工挖路槽人工费 = 工程量 × 人工单价 =1.5×30.45≈45.68 元

沙垫层：

沙垫层合价 = 工程量 × 沙垫层单价 =1.25×81.60=102 元

沙垫层人工费 = 工程量 × 人工单价 =1.25×16.80=21 元

沙垫层材料费 = 工程量 × 材料单价 =1.25×63.59≈79.49 元

机械费计算方法与人工费、材料费计算方法相同，根据表格需要填写。

铺步石：

步石合价 = 工程量 × 换算后单价 =6.25×273.62≈1 710.13 元

步石人工费 = 工程量 × 人工单价 =6.25×25.20=157.5 元

步石材料费 = 工程量 × 材料单价 =6.25×248.42≈1 552.63 元

园路工程预算书见表 2—55。

表 2—55　　单位工程预算书

工程名称：小游园园林工程　　第　页　共　页

序号	定额编号	子目名称	工程量		价值		其中（元）	
			单位	数量	单价	合价	人工费	材料费
	0103	二、栽植花木						
	—	—	—	—	—	—	—	—
	0105	三、园路工程				63 763.38	10 625.48	52 480.41

续表

序号	定额编号	子目名称	工程量		价值		其中（元）	
			单位	数量	单价	合价	人工费	材料费
		1. 透水砖路面				13 968.39	2 021.63	11 795.86
1	E1—0007	人工挖路床	m^3	10.81	30.45	329.16	329.16	
2	E1—0657	200 厚粗沙垫层	m^3	4.74	81.6	386.78	79.63	301.42
3	E1—0661	150 厚 C15 混凝土垫层	m^3	3.56	424	1 509.44	94.2	1 388.26
4	E1—0571	花岗岩边石 500×100×100	m	70.1	119.08	8 347.51	1 001.03	7 258.15
5	E1—0537 换	铺 200×200×60 透水砖	m^2	23.7	143.27	3 395.5	517.61	2 848.03
		2. 火烧板路面				30 057.07	5 282.08	24 394.36
1	E1—0007	人工挖路床	m^3	32.85	30.45	1 000.28	1 000.28	
2	E1—0657	200 厚粗沙垫层	m^3	15.28	81.6	1 246.85	256.7	971.66
3	E1—0661	150 厚 C15 混凝土垫层	m^3	11.46	424	4 859.04	303.23	4 468.94
4	E1—0571	花岗岩边石 500×100×100	m	58.4	119.08	6 954.27	833.95	6 046.74
5	E1—0559 换	铺 300×600×30 火烧板	m^2	76.4	209.38	15 996.63	2 887.92	12 907.02
		3. 炭化木地板				15 688.79	2 393.3	13 197.43
1	E1—0007	人工挖路床	m^3	10.11	30.45	307.85	307.85	
2	E1—0657	200 厚粗沙垫层	m^3	6.74	81.6	549.98	113.23	428.6
3	E1—0661	100 厚 C15 混凝土垫层	m^3	3.37	424	1 428.88	89.17	1 314.17
4	E1—0059	20 厚 1∶3 水泥砂浆找平	m^2	33.71	14.44	486.77	254.85	219.12
5	E1—0563	室外木地板 木龙骨厚 50 mm 以内	m^2	33.71	352.71	11 889.85	1 288.4	10 549.88
6	E1—0930	刷油	m^2	33.71	30.42	1 025.46	339.8	685.66
		4. 卵石路面				2 191.32	704.29	1 460.64
1	E1—0007	人工挖路床	m^3	2.4	30.45	73.08	73.08	
2	E1—0659	200 厚碎石垫层	m^3	1.2	109.33	131.2	28.22	101.06
3	E1—0661	150 厚 C15 混凝土垫层	m^3	0.9	424	381.6	23.81	350.96
4	E1—0571	花岗岩边石 500×100×100	m	8	119.08	952.64	114.24	828.32
5	E1—0543	雨花石路面 素墁	m^2	6	108.8	652.8	464.94	180.3
		5. 步石				1 857.81	224.18	1 632.12
1	E1—0007	人工挖路床	m^3	1.5	30.45	45.68	45.68	
2	E1—0657	200 厚粗沙垫层	m^3	1.25	81.6	102	21	79.49

续表

序号	定额编号	子目名称	工程量		价值		其中（元）	
			单位	数量	单价	合价	人工费	材料费
3	E1—0553 换	汀步石	m^2	6.25	273.62	1 710.13	157.5	1 552.63
		四、花架工程						
	—	—	—	—	—	—	—	—

编制人：　　　　　　　　审核人：　　　　　　　　编制时间：

（4）花架工程　填写花架工程预算书的主要目的是学习钢筋混凝土相关项工程预算书的填写方法。花架工程预算书的填写和绿化工程、园路工程方法相同，关键是熟悉定额并能熟练套用定额，在园林定额找不到相同或相近项时，可以到建筑装饰、市政定额当中借用相关项，这时定额编号将显示为“借”（如借 B2—0087）。单位工程预算书见表 2—56。

表 2—56　　　　单位工程预算书

工程名称：小游园园林工程　　　　　　　　第　页　共　页

序号	定额编号	子目名称	工程量		价值		其中（元）	
			单位	数量	单价	合价	人工费	材料费
		三、园路工程						
	—	—	—	—	—	—	—	—
		四、花架工程				11 059.96	3 794.25	7 064.4
		1. 平整场地				41.66	41.66	
1	E1—0001	平整场地　人工	m^2	15.84	2.63	41.66	41.66	
		2. 基础				1 200.37	460.41	724.63
1	E1—0006	人工挖柱基	m^3	7.76	43.47	337.33	337.33	
2	E1—0659	垫层　机碎石	m^3	0.65	109.33	71.06	15.29	54.74
3	E1—0661	垫层　混凝土	m^3	0.65	424	275.6	17.2	253.47
4	E1—0666	混凝土基础　独立基础	m^3	1.04	444.82	462.61	46.2	416.42
5	E1—0021	人工回填土　夯填	m^3	5.42	9.92	53.77	44.39	
		3. 柱				1 968.24	687.13	1 250.07
1	E1—0744	现浇混凝土花架　柱	m^3	0.896	536.09	480.34	89.85	368.41
2	E2—1059	水泥砂浆 1∶3 找平	m^2	17.92	30	537.6	458.04	70.6
3	E1—0905	饰面米黄色真石漆	m^2	17.92	53.03	950.3	139.24	811.06
		4. 梁				1 357.4	210.81	1 128.92
1	E1—0743	现浇混凝土花架　梁、檩条	m^3	0.768	513.75	394.56	60.89	316.21
2	E2—1059	水泥砂浆 1∶3 找平	m^2	0.418	30	12.54	10.68	1.65

续表

序号	定额编号	子目名称	工程量		价值		其中（元）	
			单位	数量	单价	合价	人工费	材料费
3	E1—0905	饰面米红色真石漆	m^2	12.32	53.03	653.33	95.73	557.6
4	E1—0905	饰面米黄色真石漆	m^2	5.6	53.03	296.97	43.51	253.46
		5. 檩条				2 461.92	903.72	1 530.29
1	E1—0743	混凝土檩条	m^3	0.666	513.75	342.16	52.8	274.21
2	E2—1059	水泥砂浆 1∶3 找平	m^2	25.53	30	765.9	652.55	100.59
3	E1—0905	饰面米蓝色真石漆	m^2	25.53	53.03	1 353.86	198.37	1 155.49
		6. 钢筋				2 170.96	420.94	1 720.71
1	E1—0947	现浇钢筋 ϕ10 以外（ϕ12）	t	0.11	4 597.67	367.81	42.18	314.04
2	E1—0946	现浇钢筋 ϕ10 以内（ϕ8+ϕ10）	t	0.366	4 953.71	1 803.15	378.76	1 406.67
		7. 模板				1 401.55	997.43	340.96
1	E1—0966	基础模板	m^3	1.04	41.48	43.14	27.52	15.62
2	E1—0972	现浇钢筋混凝土模板 柱	m^3	0.986	538.92	531.38	370.64	135.11
3	E1—0973	现浇钢筋混凝土模板 梁、檩条	m^3	1.434	576.73	827.03	599.27	190.23
		8. 坐凳板				457.86	72.15	368.82
1	E2—0264	预制坐凳板	m^3	0.252	1 816.92	457.86	72.15	368.82
		五、木亭工程						
	—	—	—	—	—	—	—	—

编制人： 审核人： 编制时间：

（5）木亭 填写木亭预算书的主要目的是学习木构相关项工程预算书的填写方法。定额中木望板 30 mm 厚，设计中木望板 25 mm 厚，需要进行换算（按厚度比例换算），定额编号显示为“E1—0753 换”。规范规定补充估价定额项目用“BJ×××”表示。B 表示补充，J 表示价格，即 BJ 表示补充价格。如木亭木制宝顶定额中没有列项，需要补充估价定额项目，表示为 BJ001，补充主材表示为 BCZCF0。木亭工程预算书见表 2—57。

表 2—57 **单位工程预算书**

工程名称：小游园园林工程 第 页 共 页

序号	定额编号	子目名称	工程量		价值		其中（元）	
			单位	数量	单价	合价	人工费	材料费
		四、花架工程						

续表

序号	定额编号	子目名称	工程量		价值		其中（元）	
			单位	数量	单价	合价	人工费	材料费
	—	—	—	—	—	—	—	—
		五、木亭工程				42 615.87	5 788.58	36 731.29
		1. 平整场地				27.77	27.77	
1	E1—0001	平整场地　人工	m^2	10.56	2.63	27.77	27.77	
		2. 基础				874.1	216.48	650.87
1	E1—0006	人工挖柱基	m^3	2.94	43.47	127.8	127.8	
2	E1—0661	垫层　混凝土	m^3	0.256	424	108.54	6.77	99.83
3	E1—0666	混凝土基础　独立基础	m^3	0.95	444.82	422.58	42.2	380.38
4	E1—0021	人工回填土　夯填	m^3	1.09	9.92	10.81	8.93	
5	E1—0947	现浇钢筋　ϕ10 以外（ϕ12）	t	0.016	4 597.67	73.56	8.44	62.81
6	E1—0946	现浇钢筋　ϕ10 以内（ϕ8）	t	0.015	4 953.71	74.31	15.61	57.97
		3. 木柱				4 665.08	590.36	4 074.72
1	E1—0749	木柱	m^3	1.026	4 546.86	4 665.08	590.36	4 074.72
		4. 梁				7 383.08	936.75	6 446.33
1	E1—0750	木梁	m^3	1.628	4 535.06	7 383.08	936.75	6 446.33
		5. 屋面板				14 008.18	905.73	13 102.45
1	E1—0753 换	木望板 25 mm 厚	m^2	34.636	108.92	3 772.55	254.57	3 517.98
2	E1—0940	SBS 改性沥青油毡平面　厚度 3 mm	m^2	34.636	57.5	1 991.57	302.03	1 689.54
3	E1—0761	深灰色油毡瓦屋面	m^2	34.636	238.02	8 244.06	349.13	7 894.93
		6. 坐凳				241.98	95.7	146.27
1	E2—0698	坐凳面　板厚 50 mm	m^2	1.437	168.39	241.98	95.7	146.27
		7. 木宝顶				520	200	300
1	BJ001	木宝顶	件	1	520	520	200	300
主材	BCZCF0	木宝顶主材费	元	1	280	280		
		8. 地板				10 800.93	1 455.45	9 276.35
1	E1—0004	人工挖土方	m^3	9	27.2	244.8	244.8	
2	E1—0658	300 厚级配沙石	m^3	7.5	90.45	678.38	189	477.45

续表

序号	定额编号	子目名称	工程量		价值		其中（元）	
			单位	数量	单价	合价	人工费	材料费
3	E1—0661	垫层　混凝土	m^3	2.5	424	1 060	66.15	974.9
4	E1—0563	室外木地板　木龙骨　厚 50 mm 以内	m^2	25	352.71	8 817.75	955.5	7 824
		9. 刷木蜡油				4 125.62	1 367.07	2 758.55
1	E1—0930	花架廊架油饰　木制	m^2	135.622	30.42	4 125.62	1 367.07	2 758.55
	—	—	—	—	—	—	—	—
		六、花坛工程						

（6）花坛工程　花坛工程预算书的填写是一项较为综合的工作，主要包括砖基础、砖砌筑、钢筋、装饰等内容。花坛工程预算书见表 2—58。

表 2—58　　　　单位工程预算书

工程名称：小游园园林工程　　　　第　页　共　页

序号	定额编号	子目名称	工程量		价值		其中（元）	
			单位	数量	单价	合价	人工费	材料费
		五、木亭工程						
	—	—	—	—	—	—	—	—
		六、花坛工程				3 505.95	1 204.51	2 273.18
1	E1—0001	平整场地　人工	m^2	7.29	2.63	19.17	19.17	
2	E1—0005	人工挖沟槽	m^3	3.621	33.81	122.43	122.43	
3	E1—0657	垫层　沙	m^3	1.325	81.6	108.12	22.26	84.26
4	E1—0663	砖基础　条形基础	m^3	1.417	360.86	511.34	144.92	362.16
5	E1—0021	人工回填土　夯填	m^3	0.879	9.92	8.72	7.2	
6	E1—0681	砌砖墙	m^3	0.618	472.48	291.99	127.18	160.52
7	E1—0694	现浇混凝土压顶	m^3	0.265	539.4	142.94	34.06	108.88
8	E1—0696	花岗岩压顶	m^2	3.22	283.8	913.84	133.89	775.89
9	E1—0892	墙面抹水泥砂浆　砖墙	m^2	11.232	20.17	226.55	160.39	60.54
10	E1—0902	墙面贴文化石	m^2	4.32	206.45	891.86	329.79	562.08
11	E1—0975	模板	m^3	0.265	715.46	189.6	91.82	91.53
12	E1—0946	现浇钢筋　ϕ10 以内	t	0.018	4 953.71	89.17	18.73	69.56
主材费合计								24 831.5
直接费合计								144 884.71

编制人：　　　　审核人：　　　　编制时间：

三、填写单位工程费用表

园林工程单位工程费用表按不同专业分别进行取费，各专业的取费基数不同。因此，园林工程预算费用计算有两种形式：一是以“人工费＋机具费”为基数，二是以人工费为基数。其中，仿古建筑工程、园林建筑工程、机械土石方工程的单位工程费用按“（人工费＋机具费）× 费率”计算；园林绿化工程、安装工程、人工土石方工程、装饰装修工程的单位工程费用按“人工费 × 费率”计算。单位工程费用见表 2—59（共 5 页），单位工程费用汇总表见表 2—60。

表 2—59　　单位工程费用表

工程名称：小游园园林工程　　专业：园林绿化工程　　第 1 页　共 5 页

行号	序号	费用名称	取费说明	费率（%）	费用金额
1	一	人工费	人工费		8 122.54
2	二	材料费	材料费 ×0.898 9		22 114.46
3	2.1	主材费	主材费 ×0.898 9		18 125.42
4	2.2	设备费	设备费 ×0.898 9		
5	三	机械费	机械费 ×0.902 6		1 202.62
6	四	企业管理费	人工费 × 费率	20.25	1 644.81
7	五	措施项目费	1+2+3+4+5+6+7+8+9		441.87
8	1	安全文明施工费	人工费 × 费率	4.48	363.89
9	2	夜间施工增加费	每人每个夜班增加 60 元		
10	3	非夜间施工增加费	按地下（暗）室建筑面积每平方米 20 元计取		
11	4	二次搬运费	人工费 × 费率	0.3	24.37
12	5	冬季施工增加费	按冬季施工期间完成人工费的 150% 计取	150	
13	6	雨季施工增加费	人工费 × 费率	0.38	30.87
14	7	地上、地下设施、建筑物的临时保护设施费	按规定计取		
15	8	已完工程保护费（含越冬维护费）	根据工程实际情况编制费用预算		
16	9	工程定位复测费	人工费 × 费率	0.28	22.74
17	六	规费	1+2+3+4+5		1 156.58
18	1	社会保险费	（1）+（2）+（3）		1 053.49
19	（1）	养老保险费、失业保险费、医疗保险费、住房公积金	人工费 × 费率	11.94	969.83

续表

行号	序号	费用名称	取费说明	费率（%）	费用金额
20	（2）	生育保险费	人工费 × 费率	0.42	34.11
21	（3）	工伤保险费	人工费 × 费率	0.61	49.55
22	2	工程排污费	人工费 × 费率	0.3	24.37
23	3	防洪基础设施建设资金、副食品价格调节基金	税前工程造价	0.105	39.73
24	4	残疾人就业保障金	人工费 × 费率	0.48	38.99
25	5	其他规费			
26	七	利润	人工费 × 费率	16	1 299.61
27	八	价差（包括人工、材料、机械）	（一）+（二）+（三）+（四）		1 160.34
28	1	人工费价差	人工价差		1 160.34
29	2	材料费价差	材料价差 ×0.898 9		
30	3	机械费价差	机械价差 ×0.902 6		
31	4	机械费调整	（机械费预算价 - 不取费子目机械费预算价）×（调整系数 -1）×0.902 6		
32	九	其他项目费	按规定计取		
33	十	估价项目、现场签证及索赔	不取费子目		739.41
34	十一	优质优价增加费	税前工程造价 × 费率	0	
35	十二	税金	（一 + 二 + 三 + 四 + 五 + 六 + 七 + 八 + 九 + 十 + 十一）× 费率	11	4 167.05
36	十三	含税工程造价	一 + 二 + 三 + 四 + 五 + 六 + 七 + 八 + 九 + 十 + 十一 + 十二		42 049.29

工程名称：小游园园林工程　　　　专业：仿古建筑工程　　　　第 2 页　共 5 页

行号	序号	费用名称	取费说明	费率（%）	费用金额
1	一	人工费	人工费		1 289.12
2	二	材料费	材料费 ×0.887 5		610.54
3	2.1	主材费	主材费 ×0.887 5		
4	2.2	设备费	设备费 ×0.887 5		
5	三	机械费	机械费 ×0.907		35.22
6	四	企业管理费	（人工费 + 施工机具费）× 费率	10.66	141.17
7	五	措施项目费	1+2+3+4+5+6+7+8+9		110.61
8	1	安全文明施工费	（人工费 + 施工机具费）× 费率	6.86	90.85
9	2	夜间施工增加费	每人每个夜班增加 60 元		
10	3	非夜间施工增加费	按地下（暗）室建筑面积每平方米 20 元计取		

续表

行号	序号	费用名称	取费说明	费率（%）	费用金额
11	4	二次搬运费	人工费 × 费率	0.3	3.87
12	5	冬季施工增加费	按冬季施工期间完成人工费的150% 计取	150	
13	6	雨季施工增加费	人工费 × 费率	0.38	4.9
14	7	地上、地下设施、建筑物的临时保护设施费	按规定计取		
15	8	已完工程保护费（含越冬维护费）	根据工程实际情况编制费用预算		
16	9	工程定位复测费	（人工费 + 施工机具费）× 费率	0.83	10.99
17	六	规费	1+2+3+4+5		180.12
18	1	社会保险费	（1）+（2）+（3）		167.19
19	（1）	养老保险费、失业保险费、医疗保险费、住房公积金	人工费 × 费率	11.94	153.92
20	（2）	生育保险费	人工费 × 费率	0.42	5.41
21	（3）	工伤保险费	人工费 × 费率	0.61	7.86
22	2	工程排污费	人工费 × 费率	0.3	3.87
23	3	防洪基础设施建设资金、副食品价格调节基金	税前工程造价	0.105	2.87
24	4	残疾人就业保障金	人工费 × 费率	0.48	6.19
25	5	其他规费			
26	七	利润	人工费 × 费率	16	206.26
27	八	价差（包括人工、材料、机械）	（一）+（二）+（三）+（四）		161.14
28	1	人工费价差	人工价差		161.14
29	2	材料费价差	材料价差 ×0.887 5		
30	3	机械费价差	机械价差 ×0.907		
31	4	机械费调整	（机械费预算价 – 不取费子目机械费预算价）×（调整系数 –1）×0.907		
32	九	其他项目费	按规定计取		
33	十	估价项目、现场签证及索赔	不取费子目		
34	十一	优质优价增加费	税前工程造价 × 费率	0	
35	十二	税金	（一 + 二 + 三 + 四 + 五 + 六 + 七 + 八 + 九 + 十 + 十一）× 费率	11	300.76
36	十三	含税工程造价	一 + 二 + 三 + 四 + 五 + 六 + 七 + 八 + 九 + 十 + 十一 + 十二		3 034.94

工程名称：小游园园林工程　　　　　　专业：园林建筑工程　　　　　　第 3 页　共 5 页

行号	序号	费用名称	取费说明	费率（%）	费用金额
1	一	人工费	人工费		17 636.93
2	二	材料费	材料费 ×0.887 5		88 228.29
3	2.1	主材费	主材费 ×0.887 5		
4	2.2	设备费	设备费 ×0.887 5		
5	三	机械费	机械费 ×0.907		841.67
6	四	企业管理费	（人工费 + 施工机具费）× 费率	10.71	1 929.06
7	五	措施项目费	1+2+3+4+5+6+7+8+9		1 354.3
8	1	安全文明施工费	（人工费 + 施工机具费）× 费率	5.97	1 103.17
9	2	夜间施工增加费	每人每个夜班增加 60 元		
10	3	非夜间施工增加费	按地下（暗）室建筑面积每平方米 20 元计取		
11	4	二次搬运费	人工费 × 费率	0.3	52.91
12	5	冬季施工增加费	按冬季施工期间完成人工费的 150% 计取	150	
13	6	雨季施工增加费	人工费 × 费率	0.38	67.02
14	7	地上、地下设施、建筑物的临时保护设施费	按规定计取		
15	8	已完工程保护费（含越冬维护费）	根据工程实际情况编制费用预算		
16	9	工程定位复测费	（人工费 + 施工机具费）× 费率	0.71	131.24
17	六	规费	1+2+3+4+5		2 538.83
18	1	社会保险费	（1）+（2）+（3）		2 287.52
19	（1）	养老保险费、失业保险费、医疗保险费、住房公积金	人工费 × 费率	11.94	2 105.85
20	（2）	生育保险费	人工费 × 费率	0.42	74.08
21	（3）	工伤保险费	人工费 × 费率	0.61	107.59
22	2	工程排污费	人工费 × 费率	0.3	52.91
23	3	防洪基础设施建设资金、副食品价格调节基金	税前工程造价	0.105	113.74
24	4	残疾人就业保障金	人工费 × 费率	0.48	84.66
25	5	其他规费			
26	七	利润	人工费 × 费率	16	2 821.91
27	八	价差（包括人工、材料、机械）	（一）+（二）+（三）+（四）		−6 963
28	1	人工费价差	人工价差		2 519.53
29	2	材料费价差	材料价差 ×0.887 5		−9 482.53

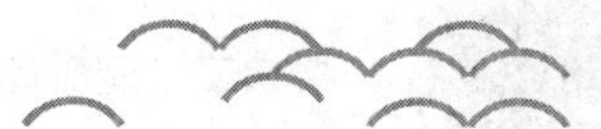

续表

行号	序号	费用名称	取费说明	费率（%）	费用金额
30	3	机械费价差	机械价差 ×0.907		
31	4	机械费调整	（机械费预算价－不取费子目机械费预算价）×（调整系数－1）×0.907		
32	九	其他项目费	按规定计取		
33	十	估价项目、现场签证及索赔	不取费子目		
34	十一	优质优价增加费	税前工程造价 × 费率	0	
35	十二	税金	（一＋二＋三＋四＋五＋六＋七＋八＋九＋十＋十一）× 费率	11	11 928.18
36	十三	含税工程造价	一＋二＋三＋四＋五＋六＋七＋八＋九＋十＋十一＋十二		120 366.17

工程名称：小游园园林工程　　　　专业：人工土石方（园林）　　　　第 4 页　共 5 页

行号	序号	费用名称	取费说明	费率（%）	费用金额
1	一	人工费	人工费		10 053.82
2	二	材料费	材料费		4 387.5
3	2.1	主材费	主材费		4 387.5
4	2.2	设备费	设备费		
5	三	机械费	机械费		13.1
6	四	企业管理费	人工费 × 费率	12.22	1 228.58
7	五	措施项目费	1+2+3+4+5+6+7+8+9		796.25
8	1	安全文明施工费	人工费 × 费率	5.73	576.08
9	2	夜间施工增加费	每人每个夜班增加 60 元		
10	3	非夜间施工增加费	按地下（暗）室建筑面积每平方米 20 元计取		
11	4	二次搬运费	人工费 × 费率	0.3	30.16
12	5	冬季施工增加费	按冬季施工期间完成人工费的 150% 计取	150	
13	6	雨季施工增加费	人工费 × 费率	0.38	38.2
14	7	地上、地下设施、建筑物的临时保护设施费	按规定计取		
15	8	已完工程保护费（含越冬维护费）	根据工程实际情况编制费用预算		
16	9	工程定位复测费	人工费 × 费率	1.51	151.81
17	六	规费	1+2+3+4+5		1 404.36
18	1	社会保险费	（1）＋（2）＋（3）		1 303.99
19	（1）	养老保险费、失业保险费、医疗保险费、住房公积金	人工费 × 费率	11.94	1 200.43

续表

行号	序号	费用名称	取费说明	费率（%）	费用金额
20	（2）	生育保险费	人工费 × 费率	0.42	42.23
21	（3）	工伤保险费	人工费 × 费率	0.61	61.33
22	2	工程排污费	人工费 × 费率	0.3	30.16
23	3	防洪基础设施建设资金、副食品价格调节基金	税前工程造价	0.105	21.95
24	4	残疾人就业保障金	人工费 × 费率	0.48	48.26
25	5	其他规费			
26	七	利润	人工费 × 费率	16	1 608.61
27	八	价差（包括人工、材料、机械）	（一）+（二）+（三）+（四）		1 436.19
28	1	人工费价差	人工价差		1 436.19
29	2	材料费价差	材料价差		
30	3	机械费价差	机械价差		
31	4	机械费调整	（机械费预算价 - 不取费子目机械费预算价）×（调整系数 -1）		
32	九	其他项目费	按规定计取		
33	十	估价项目、现场签证及索赔	不取费子目		
34	十一	优质优价增加费	税前工程造价 × 费率	0	
35	十二	税金	（一 + 二 + 三 + 四 + 五 + 六 + 七 + 八 + 九 + 十 + 十一）× 费率	11	2 302.13
36	十三	含税工程造价	一 + 二 + 三 + 四 + 五 + 六 + 七 + 八 + 九 + 十 + 十一 + 十二		23 230.54

工程名称：小游园园林工程　　　　专业：机械土石方（园林）　　　　第 5 页　共 5 页

行号	序号	费用名称	取费说明	费率（%）	费用金额
1	一	人工费	人工费		74.26
2	二	材料费	材料费 ×0.887 5		35.93
3	2.1	主材费	主材费 ×0.887 5		
4	2.2	设备费	设备费 ×0.887 5		
5	三	机械费	机械费 ×0.907		269.88
6	四	企业管理费	（人工费 + 施工机具费）× 费率	10.02	34.48
7	五	措施项目费	1+2+3+4+5+6+7+8+9		20.19
8	1	安全文明施工费	（人工费 + 施工机具费）× 费率	5.11	17.59
9	2	夜间施工增加费	每人每个夜班增加 60 元		
10	3	非夜间施工增加费	按地下（暗）室建筑面积每平方米 20 元计取		

续表

行号	序号	费用名称	取费说明	费率（%）	费用金额
11	4	二次搬运费	人工费 × 费率	0.3	0.22
12	5	冬季施工增加费	按冬季施工期间完成人工费的150%计取	150	
13	6	雨季施工增加费	人工费 × 费率	0.38	0.28
14	7	地上、地下设施、建筑物的临时保护设施费	按规定计取		
15	8	已完工程保护费（含越冬维护费）	根据工程实际情况编制费用预算		
16	9	工程定位复测费	（人工费 + 施工机具费）× 费率	0.61	2.1
17	六	规费	1+2+3+4+5		10.7
18	1	社会保险费	（1）+（2）+（3）		9.63
19	（1）	养老保险费、失业保险费、医疗保险费、住房公积金	人工费 × 费率	11.94	8.87
20	（2）	生育保险费	人工费 × 费率	0.42	0.31
21	（3）	工伤保险费	人工费 × 费率	0.61	0.45
22	2	工程排污费	人工费 × 费率	0.3	0.22
23	3	防洪基础设施建设资金、副食品价格调节基金	税前工程造价	0.105	0.49
24	4	残疾人就业保障金	人工费 × 费率	0.48	0.36
25	5	其他规费			
26	七	利润	人工费 × 费率	16	11.88
27	八	价差（包括人工、材料、机械）	（一）+（二）+（三）+（四）		10.61
28	1	人工费价差	人工价差		10.61
29	2	材料费价差	材料价差 ×0.887 5		
30	3	机械费价差	机械价差 ×0.907		
31	4	机械费调整	（机械费预算价 – 不取费子目机械费预算价）×（调整系数 –1）×0.907		
32	九	其他项目费	按规定计取		
33	十	估价项目、现场签证及索赔	不取费子目		
34	十一	优质优价增加费	税前工程造价 × 费率	0	
35	十二	税金	（一 + 二 + 三 + 四 + 五 + 六 + 七 + 八 + 九 + 十 + 十一）× 费率	11	51.47
36	十三	含税工程造价	一 + 二 + 三 + 四 + 五 + 六 + 七 + 八 + 九 + 十 + 十一 + 十二		519.4

表 2—60　**单位工程费用汇总表**

工程名称：小游园园林工程　　第 1 页　共 1 页

序号	费用名称	取费说明	费率	金额
1	园林绿化工程			42 049.29
2	仿古建筑工程			3 034.94
3	园林建筑工程			120 366.17
4	人工土石方（园林）			23 230.54
5	机械土石方（园林）			519.4
6	工程造价			189 200.34

四、填写单位工程主要材料表（见表 2—61）

表 2—61　**单位工程主要材料表**

工程名称：小游园园林工程　　第 1 页　共 1 页

序号	名称及规格	材料量	预算价
1	水泥 32.5	4 391.71	0.42
2	花岗岩块道牙	137.87	97.5
3	防腐木地板	61.65	220
4	防腐木	5	3 500
5	油毡瓦	98.71	71.2
6	沙子	30.58	60
7	混凝土砌块砖 200×100×60	1 208.7	2.13
8	烧结标准砖	4 357.6	0.41
9	花岗岩板 30 mm	77.16	150
10	仿石涂料	245.48	8.5
11	耐候木油	38.1	85
12	商品混凝土 C15	24.25	375
13	杉篙	302.4	5.7
14	其他材料费	2 319.54	1
15	土	175.5	25
16	丛生九角枫（3～4 分枝，每分枝 4～5 cm）土球直径 120 cm	2	1 500
17	银杏胸径 D=12 cm　土球直径 100 cm	9	550
18	国槐胸径 D=10 cm	7	450
19	王族海棠胸径 D=8 cm　土球直径 60 cm	16	240
20	铺草卷	342	7
合计			111 347.53

编制人：　　审核人：　　编制时间：

五、填写单位工程材料价差表

在市场经济条件下，原材料实际价格常与预算价格不相符，因此，在工程造价时，必须进行价差调控。

材料价差是指材料的预算价格与实际价格的差额。价差包括正值和负值两种。市场购入价高于定额价时为正值，如定额综合工日 105 元 / 工日，市场价 120 元 / 工日，价差 =120-105=15 元，为正值；市场购入价低于定额价时为负值，如花岗岩块道牙定额价是 97.5 元 /m，市场购入价为 20 元 /m，价差 =20-97.5=77.5 元，见表 2—62。

表 2—62　　单位工程材料价差表

工程名称：小游园园林工程　　　　第 1 页　共 1 页

序号	材料名	单位	材料量	预算价	市场价	价差	价差合价
1	综合工日	工日	341.777	105	120	15	5 126.66
2	仿古综合工日	工日	10.743	120	135	15	161.14
3	花岗岩块道牙	m	137.865	97.5	20	−77.5	−10 684.54
本页小计							−5 396.74
合计							−5 396.74

编制人：　　　　审核人：　　　　编制时间：

材料价差一般采用以下两种方法计算：

1. 材料单价价差

材料单价价差 = 该种材料实际价格（或加权平均价格）– 定额中的该种材料价格

注：工程材料实际价格的确定参照当地造价管理部门定期发布的全部材料信息价格。

材料（如钢材、木材、水泥、玻璃等）价差的计算是在编制施工图预算时，在各分项工程量计算出来后，按预算定额中相应项目给定的材料消耗定额计算出使用的材料数量，汇总后，用实际购入单价减去预算单价再乘以材料数量即为某材料的价差。将各种材料的价差汇总，即为该工程的材料价差，列入工程造价。

材料价差的计算可用下式表示：

材料价差 =（实际购入单价 – 预算定额材料单价）× 材料数量

2. 综合系数调价法

此法是直接采用当地工程造价管理部门测算的综合价差系数调整工程材料价差的一种方法（价差系数由各地自行测定），计算公式为：

单位工程材料价差调整金额 = 综合价差系数 × 预算定额直接费

六、填写单位工程主要材料价格表（见表 2—63）

表 2—63　　　　单位工程主要材料价格表

工程名称：小游园园林工程　　　　第 1 页　共 1 页

序号	名称及规格	材料量	预算价
1	水泥 32.5	4 391.71	0.42
2	花岗岩块道牙	137.87	97.5
3	防腐木地板	61.65	220
4	防腐木	5	3 500
5	油毡瓦	98.71	71.2
6	沙子	30.58	60
7	混凝土砌块砖 200×100×60	1 208.7	2.13
8	烧结标准砖	4 357.6	0.41
9	花岗岩板 30 mm	77.16	150
10	仿石涂料	245.48	8.5
11	耐候木油	38.1	85
12	商品混凝土 C15	24.25	375
13	杉篙	302.4	5.7
14	其他材料费	2 317.6	1
15	土	175.5	25
16	丛生九角枫（3～4 分枝，每分枝 4～5 cm） 土球直径 120 cm	2	1 500
17	银杏胸径 *D*=12 cm　土球直径 100 cm	9	550
18	国槐胸径 *D*=10 cm	7	450
19	王族海棠胸径 *D*=8 cm　土球直径 60 cm	16	240
20	铺草卷	342	7
合计			111 345.59

编制人：　　　　审核人：　　　　编制时间：

七、单位工程人材机汇总表（见表 2—64）

表 2—64　　　　单位工程人材机汇总表

工程名称：小游园园林工程　　　　第　页　共　页

序号	名称及规格	单位	数量	市场价	合计
一	人工				
1	木宝顶人工费	元	1	200	200
2	综合工日	工日	341.607	120	40 992.82

续表

序号	名称及规格	单位	数量	市场价	合计
3	仿古综合工日	工日	10.743	135	1 450.26
4	人工费调整	元	0.063	1	0.06
	小计				42 643.14
二	材料				
1	木宝顶材料费	元	1	300	300
2	水	m^3	5.285	9	47.57
3	中沙	m^3	12.882	65	837.33
4	水泥 32.5	kg	4 391.707	0.42	1 844.52
5	三厘灰	kg	693.069	0.13	90.1
6	材料费调整	元	0.029	1	0.03
7	钢筋 ϕ10 以内	kg	408.91	3.65	1 492.52
8	钢筋 ϕ10 以外	kg	95.79	3.7	354.42
9	水泥综合	kg	71.1	0.42	29.86
10	花岗岩块道牙	m	137.865	20	2 757.3
11	板方材	m^3	0.088	1 550	136.73
12	木模板	m^3	0.145	1 830	264.47
13	烘干板方材	m^3	0.092	1 550	142.55
14	防腐木地板	m^2	61.646	220	13 562.01
15	防腐木	m^3	5.005	3 500	17 516.45
16	油毡瓦	m^2	98.713	71.2	7 028.34
17	石灰	kg	1.365	0.19	0.26
18	沙子	m^3	30.582	60	1 834.91
19	碎石、块石	m^3	2.207	65	143.46
20	天然沙石	m^3	6.313	60	378.77
21	混凝土砌块砖 200×100×60	块	1 208.7	2.13	2 574.53
22	烧结标准砖	块	4 357.596	0.41	1 786.61
23	雨花石 1~3 cm	m^3	0.198	580	114.84
24	磨光花岗岩板 50 mm	m^2	3.252	220	715.48
25	花岗岩板 30 mm	m^2	77.164	150	11 574.6
26	汀布石花岗岩 800×500×60	m^2	6.313	240	1 515
27	文化石	m^2	4.406	120	528.77
28	螺栓	个	19.775	0.15	2.97
29	镀锌铁丝 8#~12#	kg	19.022	4.5	85.6
30	铁钉	kg	9.57	4.6	44.02

续表

序号	名称及规格	单位	数量	市场价	合计
31	铁件	kg	17.545	4.5	78.95
32	电焊条综合	kg	1.437	5.04	7.24
33	镀锌铁丝 18#～22#	kg	4.357	4.5	19.61
34	SBS 改性沥青油毡防水卷材 3 mm	m^2	47.694	25	1 192.34
35	嵌缝膏 CSPE	支	11.187	30.2	337.86
36	水性封底漆（普通）	kg	7.671	6.7	51.4
37	水性中间层涂料	kg	15.343	32	490.96
38	油性透明漆	kg	15.343	7	107.4
39	冷底子油	kg	16.972	3.92	66.53
40	烧碱	kg	3.071	4	12.28
41	仿石涂料	kg	245.48	8.5	2 086.58
42	胶黏剂	kg	14.201	52.8	749.8
43	耐候木油	kg	38.1	85	3 238.47
44	草袋	m^2	0.807	1.4	1.13
45	草绳	kg	32.7	1.11	36.3
46	石料切割机片	片	7.64	8	61.12
47	斜屋面板	m^3	0.252	1 400	352.8
48	商品混凝土 C15	m^3	24.251	375	9 093.95
49	商品混凝土 C20	m^3	2.198	385	846.08
50	商品混凝土 C25	m^3	2.66	395	1 050.65
51	扎绑绳	kg	27	3.8	102.6
52	毛竹尖	根	89	5	445
53	支柱	根	2.2	28	61.6
54	农药综合	kg	5.649	50	282.43
55	肥料综合	kg	20.015	12	240.18
56	杉篙	m	302.4	5.7	1 723.68
57	复合木模板	m^2	0.688	30	20.65
58	其他材料费	元	2 317.6	1	2 317.6
59	水	t	143.125	9	1 288.12
	小计				94 067.33
三	机械				
1	木宝顶机械费	元	1	20	20
2	汽车起重机 5 t	台班	0.046	509.24	23.25
3	汽车起重机 8 t	台班	0.73	690.42	504.01
4	载重汽车 5 t	台班	0.104	445.55	46.31

续表

序号	名称及规格	单位	数量	市场价	合计
5	载重汽车 8 t	台班	0.087	527.08	45.82
6	电动卷扬机单筒慢速 5 t	台班	0.15	114.83	17.18
7	石料切割机	台班	3.82	27.5	105.05
8	小翻斗车综合	台班	1.233	189.52	233.59
9	蛙式打夯机	台班	1.768	27.43	48.48
10	灰浆搅拌机 200 L	台班	3.121	126.15	393.77
11	电动打磨机	台班	2.231	23.63	52.72
12	钢筋切断机 ϕ40 以内	台班	0.052	46.28	2.41
13	洒水车 8 t	台班	0.018	491.99	8.7
14	剪草机	台班	2.394	110.11	263.6
15	碾压机	台班	0.024	530.48	12.7
16	钢筋弯曲机 ϕ40 以内	台班	0.109	25.55	2.78
17	对焊机 75 kV·A	台班	0.008	240.26	2.01
18	自卸汽车 8 t	台班	0.46	628.51	288.91
19	喷药车	台班	1.084	470.22	509.81
20	灰浆搅拌机 400 L	台班	0.175	131.01	22.9
21	电焊机综合	台班	0.107	205.6	22.09
22	机械费调整	元	0.265	1	0.27
	小计				2 626.36
四	主材				
1	木宝顶主材费	元	1	280	280
2	土	m^3	175.5	25	4 387.5
3	丛生九角枫（3～4 分枝，每分枝 4～5 cm）土球直径 120 cm	株	2	1 500	3 000
4	小桃红冠幅 W=100 cm	株	9	50	450
5	银杏胸径 D=12 cm　土球直径 100 cm	株	9	550	4 950
6	金叶榆球冠幅 W=80 cm　土球直径 40 cm	株	12	80	960
7	国槐胸径 D=10 cm	株	7	450	3 150
8	王族海棠胸径 D=8 cm　土球直径 60 cm	株	16	240	3 840
9	小叶黄杨模纹修剪后高 H=30 cm	m^2	9	98	882
10	紫叶小檗绿篱 H=80 cm	m	8	36	288
11	一串红 H=20 cm	m^2	5	50	250
12	铺草卷	m^2	342	7	2 394
	小计				24 831.5

编制人：　　　　　　　　　　审核人：　　　　　　　　　　编制时间：

八、填写单位工程三材汇总表（见表 2—65）

表 2—65　　单位工程三材汇总表

工程名称：小游园园林工程　　　　第　页　共　页

序号	材料名称	单位	材料数量
1	钢材	t	0.522 2
	其中：钢筋	t	0.504 7
2	木材	m^3	5.184 9
3	水泥	t	4.462 8
4	商混凝土	m^3	
5	商品砂浆	m^3	

编制人：　　　　审核人：　　　　编制时间：

九、填写单位工程主材汇总表（见表 2—66）

表 2—66　　单位工程主材汇总表

工程名称：小游园园林工程　　　　第　页　共　页

序号	名称及规格	单位	材料量	预算价	预算价合计	市场价	市场价合计
1	木宝顶主材费	元	1	280	280	280	280
2	土	m^3	175.5	25	4 387.5	25	4 387.5
3	丛生九角枫（3~4 分枝，每分枝 4~5 cm） 土球直径 120 cm	株	2	1 500	3 000	1 500	3 000
4	小桃红冠幅 W=100 cm	株	9	50	450	50	450
5	银杏胸径 D=12 cm 土球直径 100 cm	株	9	550	4 950	550	4 950
6	金叶榆球冠幅 W=80 cm　土球直径 40 cm	株	12	80	960	80	960
7	国槐胸径 D=10 cm	株	7	450	3 150	450	3 150
8	王族海棠胸径 D=8 cm　土球直径 60 cm	株	16	240	3 840	240	3 840
9	小叶黄杨模纹修剪后高 H=30 cm	m^2	9	98	882	98	882
10	紫叶小檗绿篱 H=80 cm	m	8	36	288	36	288
11	一串红 H=20 cm	m^2	5	50	250	50	250
12	铺草卷	m^2	342	7	2 394	7	2 394
合计：					24 831.5		24 831.5

十、填写单位工程工程量计算书（见表 2—67）

表 2—67　　　　　　　　　单位工程工程量计算书

工程名称：小游园园林工程　　　　　　　　　　　　　　　　　　第　页　共　页

序号	定额编号	工程量		名称	工程量表达式
		单位	数量		
39	E1—0930	m^2	33.71	刷油	33.71
40	E1—0007	m^3	2.4	人工挖路床	2.4
41	E1—0659	m^3	1.2	200 厚碎石垫层	1.2
42	E1—0661	m^3	0.9	150 厚 C15 混凝土垫层	0.9
43	E1—0571	m	8	花岗岩边石 500×100×100	8
44	E1—0543	m^2	6	雨花石路面　素墁	6
45	E1—0007	m^3	1.5	人工挖路床	1.5
46	E1—0657	m^3	1.25	200 厚粗沙垫层	1.25
47	E1—0553 换	m^2	6.25	汀步石	6.25
48	E1—0001	m^2	15.84	平整场地　人工	15.84
49	E1—0006	m^3	7.76	人工挖柱基	7.76
50	E1—0659	m^3	0.65	垫层　机碎石	0.65
51	E1—0661	m^3	0.65	垫层　混凝土	0.65
52	E1—0666	m^3	1.04	混凝土基础　独立基础	1.04
53	E1—0021	m^3	5.42	人工回填土　夯填	5.42
54	E1—0744	m^3	0.896	现浇混凝土花架　柱	0.896
55	E2—1059	m^2	17.92	水泥砂浆 1：3 找平	17.92
56	E1—0905	m^2	17.92	饰面　米黄色真石漆	17.92
57	E1—0743	m^3	0.768	现浇混凝土花架　梁、檩条	0.768
58	E2—1059	m^2	0.418	水泥砂浆 1：3 找平	0.418
59	E1—0905	m^2	12.32	饰面　红色真石漆	12.32
60	E1—0905	m^2	5.6	饰面　米黄色真石漆	5.6
61	E1—0743	m^3	0.666	混凝土檩条	0.666
62	E2—1059	m^2	25.53	水泥砂浆 1：3 找平	25.53
63	E1—0905	m^2	25.53	饰面　蓝色真石漆	25.53

续表

序号	定额编号	工程量		名称	工程量表达式
		单位	数量		
64	E1—0947	t	0.08	现浇钢筋　ϕ10 以外（ϕ12）	0.11
65	E1—0946	t	0.364	现浇钢筋　ϕ10 以内（ϕ8+ϕ10）	0.366
66	E1—0966	m^3	1.04	基础模板	1.04
67	E1—0972	m^3	0.986	现浇钢筋混凝土模板　柱	0.986
68	E1—0973	m^3	1.434	现浇钢筋混凝土模板　梁、檩条	1.434
69	E2—0264	m^3	0.252	预制坐凳板	0.252
70	E1—0001	m^2	10.56	平整场地　人工	10.56
71	E1—0006	m^3	2.94	人工挖柱基	2.94
72	E1—0661	m^3	0.256	垫层　混凝土	0.256
73	E1—0666	m^3	1.104	混凝土基础　独立基础	1.104
74	E1—0021	m^3	1.27	人工回填土　夯填	1.27
75	E1—0947	t	0.013	现浇钢筋　ϕ10 以外（ϕ12）	0.013
76	E1—0946	t	0.015	现浇钢筋　ϕ10 以内（ϕ8）	0.015
77	E1—0749	m^3	1.026	木柱	1.026
78	E1—0750	m^3	1.628	木梁	1.628
79	E1—0753 换	m^2	34.636	木望板　25 mm 厚	34.636
80	E1—0940	m^2	34.636	SBS 改性沥青油毡　平面　厚度 3 mm	34.636
81	E1—0761	m^2	34.636	深灰色油毡瓦屋面	34.636
82	E2—0698	m^2	1.437	坐凳面　板厚 50 mm	1.437
83	BJ001	件	1	木宝顶	1
84	E1—0004	m^3	7.355	人工挖土方	7.355
85	E1—0658	m^3	6.129	300 厚级配沙石	6.129
86	E1—0661	m^3	2.043	垫层　混凝土	2.043
87	E1—0563	m^2	25	室外木地板　木龙骨　厚 50 mm 以内	25
88	E1—0005	m^3	17.68	人工挖沟槽	17.68
89	E1—0661	m^3	1.36	垫层　混凝土	1.36
90	E1—0663	m^3	6.184	砖基础　条形基础	6.184
91	E1—0681	m^3	0.288	零星砌砖	0.288
92	E1—0016	m^3	17.68	机械运土方　运距 10 km 以内	17.68

续表

序号	定额编号	工程量		名称	工程量表达式
		单位	数量		
93	E1—0930	m^2	135.622	花架廊架油饰　木制	135.622
94	E1—0001	m^2	6.76	平整场地　人工	6.76
95	E1—0005	m^3	3.621	人工挖沟槽	3.621
96	E1—0657	m^3	1.325	垫层沙	1.325
97	E1—0663	m^3	1.417	砖基础　条形基础	1.417
98	E1—0021	m^3	0.879	人工回填土　夯填	0.879
99	E1—0681	m^3	0.618	砌砖墙	0.618
100	E1—0694	m^3	0.265	现浇混凝土压顶	0.265
101	E1—0696	m^2	3.22	花岗岩压顶	3.22
102	E1—0892	m^2	10.816	墙面抹水泥砂浆　砖墙	10.816
103	E1—0902	m^2	4.32	墙面贴文化石	4.32
104	E1—0975	m^3	0.265	模板	0.265
105	E1—0946	t	0.018	现浇钢筋　ϕ10 以内	0.018

十一、填写编制说明（见表 2—68）

表 2—68　　编制说明

一、编制依据

1. 设计施工图及有关说明。
2. 采用现行的标准图集、规范、工艺标准、材料做法。
3. 使用现行的定额、单位估价表、材料价格及有关的补充说明及解释等。
4. 根据现场施工条件、实际情况。

二、（地区 / 专业）工程竣工调价系数（　　）。

三、补充单位估价项目（　　）项，换算定额单价（　　）项。

四、暂估单位（　　）项。

五、工程概况：

六、设备及主要材料来源：

七、其他：施工时发生图纸变更或赔偿双方协商解决。

十二、填写园林工程预算封面（见表 2—69）

现阶段没有专门的园林工程预算书封面，在预算软件中的封面和建筑预算封面一样，根据建筑单位和招标文件的具体要求确定封面。

表 2—69　　　　　　　　　　封面

工程预算书

工程名称：小游园园林工程	工程编号：
工程性质：	建筑面积：　　平方米
结构：	工程造价：　　189 200　　元
层数：	单位造价：　　0.00　　元
建设单位：	审核人：
	负责人：
编制单位：	编制人：
	负责人：
施工单位：	编制人：
	负责人：
审核单位：	审核人：
	编制日期：

十三、校核、装订成册

预算结束后要经过专业人员的详细核对，确认无误后装订成册（表格种类和先后顺序按招标文件要求确定）。

装订的一般顺序为：

1. 封面；

2. 编写说明；

3. 单位工程费用表（汇总）；

4. 单位工程费用表（多专业）；

5. 单位工程预算书；

6. 单位工程材料价差表；

7. 单位工程人材机汇总表；

8. 工程量计算表；

9. 主要材料表；

10. 单位工程主材汇总表；

11. 单位工程三材汇总表。

思考与练习

1. 园林工程预算费用组成包括哪几个部分？

2. 园林工程预算书的编写方法是什么？

3. 单位工程费用表填写方法是什么？

模块三

工程量清单计价法编制园林工程施工图预算

工程量清单计价是我国正在推行的与国际接轨、遵循市场经济规律的建设工程计价方式，与定额计价法相比更适合我国市场经济发展的需要，更具有灵活性。

课题一 园林工程工程量清单编制

任务目标

◇掌握园林工程工程量计算规则

◇能进行园林工程工程量清单编制

任务提出

根据图 2—2 所示小游园园林工程施工图、《建设工程工程量清单计价规范》（GB 50500—2013）（以下简称《清单计价规范》）和有关资料，进行园林工程工程量清单编制。

任务分析

根据小游园园林工程施工图和招标文件，可得到如下资料：小游园绿化种植面积为 585 m^2，种植地为三类土壤，草坪和色带需进行换土。栽植乔灌木、绿篱、模纹、色带等地被植物；园路种类有透水砖、火烧板、木地板、卵石、步石等类型；园林景观建筑小品有混凝土花架、木亭、花坛等。小游园在春季进行施工，绿化工程养护期一年，胸径 5 cm 以上（含 5 cm）乔木设支架；考虑施工中可能发生的设计变更，暂列金金额 3 万元。

进行园林工程工程量清单编制，必须掌握工程量清单编制方法、工程量计算规则、工

程量清单计价组成及相关说明及规定。

相关知识

一、园林工程量清单

1. 工程量清单的概念

工程量清单是建设工程的分部分项工程项目、措施项目、其他项目、规费项目和税金项目的名称和相应数量等的明细清单。

2. 工程量清单编制的一般规定

（1）工程量清单应由具有编制招标文件能力的招标人，或受其委托具有相应资质的中介机构进行编制。工程量清单是在招标活动中，对招标人和投标人具有约束力的重要文件，是招标、投标活动的主要依据，其专业性强，内容复杂，对编制人员的业务技术水平要求高，能否编制出完整、严谨的工程量清单直接影响招标的质量。因此，工程量清单编制人员的资质和能力十分重要。

（2）工程量清单应作为招标文件的组成部分。工程量清单体现了招标人要求投标人完成的工程项目及相应的工程数量，全面反映了对投标报价的要求，工程量清单是编制招标工程标底和投标报价的依据，也是支付工程进度款和办理工程结算、调整工程量以及工程索赔的依据。

3. 工程量清单编制的原则

（1）满足建设工程招标、投标的需要，能对工程造价进行合理确定和有效控制。

（2）做到“四个统一”，即统一项目编码、统一工程量计算规则、统一计量单位、统一项目名称。

（3）有利于规范建筑市场的计价行为，促进企业经营管理、技术进步，增加企业在市场上的竞争力。

4. 工程量清单编制的依据

（1）招标文件规定的相关内容。

（2）拟建工程设计施工图纸。

（3）施工现场的情况。

（4）统一的工程量计算规则、分部分项工程的项目划分、计量单位等。

5. 工程量清单的组成

工程量清单由分部分项工程量清单、措施项目清单和其他项目清单组成。

二、园林工程工程量计算规范

见附录。

任务实施

编制园林工程量清单

1. 工程量清单封面、扉页

封面由招标人填写、签字并盖章。封面及扉页见表 3—1、表 3—2。

表 3—1　　工程量清单封面

小游园园林工程　　　　工程
招标工程量清单

招标人：
（单位盖章）

造价咨询人：
（单位盖章）

年　月　日

表 3—2　　工程量清单扉页

小游园园林工程　　　　工程
招标工程量清单

招标人： （单位盖章）	造价咨询人： （单位资质专用章）
法定代表人 或其授权人： （签字或盖章）	法定代表人 或其授权人： （签字或盖章）
编制人： （造价人员签字盖专用章）	复核人： （造价工程师签字盖专用章）
编制时间：　年　月　日	复核时间：　年　月　日

2. 填表须知

填表须知除了《清单计价规范》规定内容外，招标认可根据具体情况进行补充。填表须知见表3—3。

表3—3 **填表须知**

1. 工程量清单及其计价格式中所有要求签字、盖章的地方，必须由有关的单位和人员签字、盖章。
2. 工程量清单及其计价格式中的任何内容不得随意删除或涂改。
3. 工程量清单及其计价格式中列明的所有需要填报的单价和合价，投标人均应填报，未填报的单价和合价，视为此项费用已包含在工程量清单的其他单价和合价中。
4. 金额（价格）均应以人民币表示。
5. 投标报价必须与工程项目一致。
6. 投标报价文件一式三份。

3. 工程量清单总说明

工程量清单总说明应按下列内容填写：

（1）工程概况：包括建设规模、工程特征、计划工期、施工现场实际情况、交通运输情况、自然地理条件、环境保护要求等。

（2）工程招标和分包范围，招标人就分包工程要求总承包人提供的服务内容。

（3）工程量清单编制依据。

（4）工程质量、材料、施工等的特殊要求。

（5）招标人自行采购材料的名称、规格型号、数量等。

（6）预留金、自行采购材料的金额数量。

（7）其他需要说明的问题。

工程量清单总说明格式见表3—4。

表3—4 **工程量清单总说明**

工程名称：小游园园林工程　　　　第　页　共　页

1. 工程概况：本小游园面积约为585 m^2；栽植品种见图纸。养护期一年。
2. 工程招标范围：园林工程。
3. 工程清单编制依据：本工程依据《建设工程工程量清单计价规范》中工程量清单计价办法，依据设计的本工程施工图计算实物工程量。
4. 工程质量达到优良。
5. 考虑施工中可能发生的设计变更和工程量计算有误，暂列金金额3万元。
6. 投标人在投标文件中应按《建设工程工程量清单计价规范》规定的统一格式，提供“分部分项工程量清单综合单价分析表”及“措施项目费分析表”。
7. 随工程量清单附有“主要材料价格表”，投标人应按表中规定内容填写。

4. 分部分项工程量清单

分部分项工程量清单应表明拟建工程的全部分项实体工程名称和相应数量。编制时应避免错项、漏项。

（1）分部分项工程量清单项目的统一编码

1）项目编码用12位阿拉伯数字表示。

2）1～9位为全国统一编码，其中，1、2位为附录顺序码，3、4位为专业工程顺序码，5、6位为分部工程顺序码，7、8、9位为分项工程名称顺序码，10～12位为清单项目名称顺序编码，由清单编制人员根据设置的清单项目编制，并应自001起顺序编制。

3）建筑工程量清单项目及计算规则…………编码　01

4）装饰装修工程量清单项目及计算规则……编码　02

5）安装工程量清单项目及计算规则…………编码　03

6）市政工程量清单项目及计算规则…………编码　04

7）园林绿化工程量清单项目及计算规则……编码　05

例：项目编码050102001003

05　表示园林绿化工程

01　表示绿化工程

02　表示栽植工程

001　表示栽植乔木

003　表示栽植乔木的第3种（顺序码）

（2）项目名称的设置应以《清单计价规范》附录中的项目名称为主，并结合该项目的规格、型号、材质等项目特征和拟建工程的实际情况确定。

此外，《清单计价规范》规定，凡附录中的缺项，编制人员可做补充，补充项目应填写在工程量清单计量单位中，并按照《清单计价规范》附录中的统一规定填写。

（3）项目特征描述要按照《清单计价规范》附录规定进行编写，建设单位可根据工程项目的具体特点和要求补充项目特征描述以满足工程需要。如：绿化工程栽植乔木时可增加树型的描述和要求。

分部分项工程量清单见表3—5。

表 3—5　　分部分项工程量清单

工程名称：小游园园林工程　　标段：　　第　页　共　页

序号	项目编码	项目名称	项目特征描述	计量单位	工程量	金额（元）		
						综合单价	合价	其中
								暂估价
		一、绿化工程						
1	050101010001	整理绿化用地	1. 回填土质要求：疏松、肥沃 2. 取土运距：2 km 3. 回填厚度：不小于 30 cm 4. 找平找坡要求：自然、平整 5. 弃渣运距：5 km	m^2	585			
2	050101009001	种植土回（换）填	1. 回填土质要求：疏松、肥沃 2. 取土运距：2 km 3. 回填厚度：不小于 30 cm 4. 弃土运距：5 km	m^3	175.5			
3	050102001001	栽植丛生九角枫	1. 规格：3～4 分枝，单枝粗 4～5 cm，土球直径 120 cm 2. 备注：树冠丰满，姿态优美，生长势好 3. 装饰：树皮覆盖物 4. 说明：此次综合单价不包含树皮覆盖物，为我方提供的优惠施工条件 5. 养护期：两年	株	2			
4	050102001002	栽植银杏	1. 规格：胸径 12 cm，土球直径 100 cm 2. 备注：树冠丰满，姿态优美，生长势好 3. 装饰：树皮覆盖物 4. 说明：此次综合单价不包含树皮覆盖物，为我方提供的优惠施工条件 5. 养护期：两年	株	9			
5	050102001003	栽植国槐	1. 规格：胸径 D=10 cm 2. 备注：树冠丰满，姿态优美，生长势好 3. 装饰：树皮覆盖物 4. 说明：此次综合单价不包含树皮覆盖物，为我方提供的优惠施工条件 5. 养护期：两年	株	7			

续表

序号	项目编码	项目名称	项目特征描述	计量单位	工程量	金额（元）		
						综合单价	合价	其中 暂估价
6	050102001004	栽植王族海棠		株	16			
7	050102002001	栽植小桃红	1. 规格：冠幅 W=1 m 2. 备注：蓬形开展，姿态优美，三年以上成苗 3. 养护期：两年	株	9			
8	050102002002	栽植金叶榆球	1. 规格：冠幅 W=80 cm，土球直径 40 cm 2. 备注：球径规整，姿态优美 3. 养护期：两年	株	12			
9	050102007001	栽植小叶黄杨模纹	1. 规格：高度 H=30 cm 2. 备注：栽植后不漏土，表面平整优美，三年以上成苗 3. 密度：49 株 /m^2 4. 养护期：两年	m^2	9			
10	050102005001	栽植紫叶小檗绿篱	1. 规格：高度 H=80 cm 2. 备注：栽植后不漏土，表面平整优美，三年以上成苗 3. 密度：10 株 /m^2 4. 养护期：两年	m	8			
11	050102008001	栽植一串红	1. 规格：高度 H=20 cm 2. 备注：栽植后不漏土，表面平整优美 3. 密度：50 株 /m^2 4. 养护期：两年	m^2	5			
12	050102012001	铺植草皮	1. 铺植草皮卷 2. 养护期：两年	m^2	342			
		分部小计						
		二、园路工程						
13	050201001001	透水砖路面	1. 材质：透水砖 200×100×60 2. 做法：200×100×60 透水砖，50 厚 1：3 干硬性水泥砂浆，150 厚 C15 混凝土垫层，200 厚粗沙垫层，素土夯实（密实度≥93%），花岗岩边石 500×100×100	m^2	23.7			

续表

序号	项目编码	项目名称	项目特征描述	计量单位	工程量	金额（元）		
						综合单价	合价	其中 暂估价
14	050201001002	火烧板路面	1. 材质：火烧板 300×600×30 2. 做法：300×600×30 火烧板，50 厚 1∶3 干硬性水泥砂浆，150 厚 C15 混凝土垫层，200 厚粗沙垫层，素土夯实（密实度≥93%），花岗岩边石 500×100×100	m^2	76.4			
15	050201001003	炭化木地板	1. 材质：炭化木地板 120×30 2. 做法：120×30 炭化木地板（木龙骨），20 厚 1∶3 水泥砂浆找平，100 厚 C15 混凝土垫层，200 厚粗沙垫层，素土夯实（密实度≥93%），刷木蜡油	m^2	10.11			
16	050201001004	卵石路面	1. 材质：卵石，粒径 20～30 mm，白色 2. 做法：卵石，粒径 20～30 mm，50 厚 1∶3 水泥砂浆，150 厚 C15 混凝土垫层，200 厚粗沙垫层，素土夯实（密实度≥93%），花岗岩边石 500×100×100	m^2	6			
17	050201001005	步石	1. 材质：山东黄锈石 300×600×50 2. 做法：300×600×500 山东黄锈石，20 厚 1∶3 水泥砂浆，200 厚粗沙垫层，素土夯实（密实度≥93%）	m^2	6.25			
		分部小计						
	E.3.4	混凝土花架工程						
18	010101001001	平整场地		m^2	15.84			
		分部小计						
		三、混凝土花架						
19	010101001002	平整场地	清除有碍施工的一切杂物	m^2	15.84			

续表

序号	项目编码	项目名称	项目特征描述	计量单位	工程量	金额（元）		
						综合单价	合价	其中 暂估价
20	010101004001	挖基坑土方	1. 土壤类别：三类土 2. 基础类型：独立基础 3. 挖土深度：1.2 m 4. 弃土运距：就近处理	m^3	7.76			
21	010103001001	回填方	密度要求：人工夯实	m^3	5.42			
22	010501003001	独立基础	1. 独立基础 C20 2. 100 厚混凝土垫层 C10 3. 100 厚碎石垫层 4. 素土夯实 5. 现场搅拌混凝土	m^3	1.04			
23	050304001003	现浇混凝土花架柱	1. 200×200 矩形柱 2. 现场搅拌混凝土 搅拌机 碎石粒径 20 石 C20 3. 振捣	m^3	0.9			
24	050304001002	现浇混凝土花架梁	1. 200×150 矩形梁 2. 现场搅拌混凝土 搅拌机 碎石粒径 20 石 C20 3. 振捣	m^3	0.77			
25	020409005002	预制檩条	1. 预制 150×80 檩条 2. 详见施工图	m^3	0.67			
26	010512001001	坐凳板	名称：坐凳板（含凳腿）	m^3	0.25			
27	011203001001	1：3 水泥砂浆抹灰	1. 抹灰 1：3 水泥砂浆 2. 部位：柱、梁、檩条	m^2	85.21			
28	010515001001	ϕ10 以外钢筋制作、安装	1. 部位：柱 2. 规格：现浇钢筋 ϕ10 以外（ϕ12） 3. 类别：制作、安装	t	0.08			
29	010515001002	ϕ10 以内钢筋制作、安装	1. 部位：梁、檩条 2. 规格：现浇钢筋 ϕ10 以内（ϕ10、ϕ8） 3. 类别：制作、安装	t	0.364			
30	011208001001	柱、梁、檩条真石漆装饰	1. 部位：柱、梁、檩条 2. 颜色：红、黄、蓝，具体颜色见施工图	m^2	61.37			
31	011702001001	基础模板	独立基础模板	m^3	1.04			

续表

序号	项目编码	项目名称	项目特征描述	计量单位	工程量	金额（元）		
						综合单价	合价	其中 暂估价
32	050402004001	现浇混凝土花架柱模板	断面尺寸：0.2×0.2	m^2	17.92			
33	050402005001	现浇混凝土花架梁模板	1. 断面尺寸：0.2×0.15 2. 梁底高度：200 mm	m^2	41.76			
		分部小计						
		四、木亭						
34	010101001003	平整场地	清除有碍施工的一切杂物	m^2	10.56			
35	010101004002	挖基坑土方	1. 土壤类别：三类土 2. 基础类型：独立基础 3. 挖土深度：1.2 m 4. 弃土运距：就近处理	m^3	2.94			
36	010103001002	回填方	密度要求：人工夯实	m^3	1.27			
37	010501003002	独立基础	1. 独立基础 C20 2. 100 厚混凝土垫层 C10 3. 100 厚碎石垫层 4. 素土夯实 5. 现场搅拌混凝土	m^3	1.04			
38	050304004001	木花架柱、梁	1. 木材种类：炭化木 2. 柱、梁截面：柱 0.2 m×0.2 m，详见施工图 3. 连接方式：榫卯 4. 防护材料种类：2 遍木蜡油	m^3	2.65			
39	050303009001	木（炭化木）屋面	1. 木材种类：炭化木 2. 防材护层处理：2 遍木蜡油	m^2	34.64			
40	010902001001	屋面卷材防水	1. 卷材品种、规格、厚度：3 mm 厚改性沥青油毡 2. 防水层数：一层 3. 防水层做法：烘烤、搭接	m^2	34.64			
41	050303004001	油毡瓦屋面（深灰色）	1. 冷底子油品种：快挥发性冷底子油 2. 冷底子油涂刷遍数：2 遍 3. 油毡瓦颜色规格：1 000 mm×333 mm	m^2	34.64			

续表

序号	项目编码	项目名称	项目特征描述	计量单位	工程量	金额（元）		
						综合单价	合价	其中 暂估价
42	020510004001	坐凳面	1. 木材品种：炭化木 2. 板厚度：50 mm 3. 刨光要求：4 面光 4. 防护材料种类、涂刷遍数：刷木蜡油 2 遍	m^2	1.44			
43	020501005001	木宝顶	1. 构件名称、类别：木宝顶 2. 木材品种：炭化木 3. 构件规格：L=0.9 m，ϕ = 0.25 mm 4. 刨光要求：全面光 5. 防护材料种类、涂刷遍数：刷木蜡油 2 遍	m^3	0.04			
44	050201001006	木亭地板	1. 名称：木亭地面炭化木地板 2. 垫层：300 厚级配沙石，100 厚 C20 混凝土垫层，20 厚 1：3 水泥砂浆 3. 规格：120 × 50	m^2	25			
45	020906014001	刷木蜡油	刷木蜡油 2 遍	m^2	160.62			
		分部小计						
		五、花坛						
46	010101001004	平整场地	清除有碍施工的一切杂物	m^2	6.67			
47	010101003001	挖沟槽土方	1. 土壤类别：三类土 2. 挖土深度：1.5 m 以内 3. 填方来源、运距：原地处理	m^3	3.62			
48	010103001003	回填方	密度要求：人工夯实	m^3	0.88			
49	010404001001	垫层	垫层材料种类、配合比、厚度：粗沙垫层，300 厚	m^3	1.33			
50	010401001001	砖基础	1. 砖品种、规格、强度等级：MU7.5 砖砌体 2. 基础类型：条形基础 3. 砂浆强度等级：M5	m^3	1.42			

续表

<table>
<tr><th rowspan="3">序号</th><th rowspan="3">项目编码</th><th rowspan="3">项目名称</th><th rowspan="3">项目特征描述</th><th rowspan="3">计量单位</th><th rowspan="3">工程量</th><th colspan="3">金额（元）</th></tr>
<tr><th rowspan="2">综合单价</th><th rowspan="2">合价</th><th>其中</th></tr>
<tr><th>暂估价</th></tr>
<tr><td>51</td><td>010401003001</td><td>实心砖墙</td><td>1. 砖品种、规格、强度等级：MU7.5 砖砌体
2. 基础类型：11 砖墙
3. 砂浆强度等级：M5</td><td>m^3</td><td>0.62</td><td></td><td></td><td></td></tr>
<tr><td>52</td><td>040303016001</td><td>混凝土挡墙压顶</td><td>混凝土强度等级：C20</td><td>m^3</td><td>0.27</td><td></td><td></td><td></td></tr>
<tr><td>53</td><td>011108001001</td><td>花岗岩压顶</td><td>1. 工程部位：花坛压顶
2. 规格：300 × 600 × 50
3. 找平层厚度、砂浆配合比为 10 厚 1 : 3 水泥砂浆</td><td>m^2</td><td>1</td><td></td><td></td><td></td></tr>
<tr><td>54</td><td>011201001001</td><td>墙面一般抹灰</td><td>1. 墙体类型：砖墙
2. 底层厚度、砂浆配合比为 1 : 3 水泥砂浆</td><td>m^2</td><td>10.82</td><td></td><td></td><td></td></tr>
<tr><td>55</td><td>011206002001</td><td>贴文化石</td><td>1. 基层类型、部位：花坛墙
2. 安装方式：1 : 3 水泥砂浆粘贴</td><td>m^2</td><td>4.16</td><td></td><td></td><td></td></tr>
<tr><td>56</td><td>041102018001</td><td>压顶模板</td><td>构件类型：混凝土压顶</td><td>m^2</td><td>2.23</td><td></td><td></td><td></td></tr>
<tr><td>57</td><td>010515001003</td><td>ϕ10 以内钢筋制作、安装</td><td>1. 部位：压顶
2. 规格：现浇钢筋 ϕ10 以内（ϕ10）
3. 类别：制作、安装</td><td>t</td><td>0.018</td><td></td><td></td><td></td></tr>
<tr><td></td><td></td><td>分部小计</td><td></td><td></td><td></td><td></td><td></td><td></td></tr>
<tr><td></td><td></td><td>单价措施</td><td></td><td></td><td></td><td></td><td></td><td></td></tr>
<tr><td></td><td></td><td>分部小计</td><td></td><td></td><td></td><td></td><td></td><td></td></tr>
<tr><td colspan="7">本页小计</td><td></td><td></td></tr>
<tr><td colspan="7">合计</td><td></td><td></td></tr>
</table>

注：为计取规费等的使用，可在表中增设“定额人工费”。

（4）措施项目清单。措施项目是指为完成工程项目，发生于该工程施工前和施工过程中的技术、生活、安全等方面的非工程实体项目。

措施项目中列出了项目编码、项目名称、项目特征、计量单位、工程量计算规则的项目，编制工程量清单时，应按照本规范分部分项工程的规定执行，如树木支撑架分部分项工程和单价措施项目清单与计价表见表 3—6。

表 3—6　　分部分项工程和单价措施项目清单与计价表

工程名称：小游园园林工程　　标段：　　第 页 共 页

序号	项目编码	项目名称	项目特征描述	计量单位	工程量	金额（元）		
						综合单价	合价	其中
								暂估价
1	050404001001	树木支撑架	1. 支撑类型、材质 2. 支撑材料、规格 3. 单株支撑材料数量	株	20			
2	—	—	—	—	—	—	—	—

措施项目中仅列出项目编码、项目名称，未列出项目特征、计量单位和工程量计算规则的项目，编制工程量清单时，应按本规范措施项目规定的项目编码、项目名称确定不必描述项目特征和确定计量单位。

（5）其他项目清单（见表 3—7）。其他项目清单主要体现了招标人提出的一些与拟建工程有关的特殊要求。其他项目清单应根据拟建工程的具体情况，按招标人部分、投标人部分分别列项。招标人部分包括暂列金、暂估价、材料暂估价、专业工程暂估价、计日工、总承包服务费、索赔与现场签证等。

1）暂列金：招标人在工程量清单中暂定并包括在合同价款中的一笔款项，用于施工合同签订时尚未确定或者不可预见的所需材料、设备、服务的采购，施工中可能发生的工程变更、合同约定调整因素出现时的工程价款调整以及发生的索赔、现场签证确认等的费用。如招标人在其他项目清单中列出的暂列金金额为 3 万元，投标人应按 3 万元填写。

2）暂估价：招标人在工程量清单中提供的用于支付必然发生但暂时不能确定价格的材料、工程设备的单价以及专业工程的金额。

3）计日工：在施工过程中，承包人完成发包人提出的施工图纸以外的零星项目或工作，按合同中约定的综合单价计价的一种方式。

4）总承包服务费：总承包人为配合协调发包人进行的专业工程分包，发包人自行采购的设备、材料等进行保管以及施工现场管理、竣工资料汇总整理等服务所需的费用。

5）安全文明施工费：承包人按照国家法律、法规等规定，在合同履行中为保证安全施工、文明施工、保护现场内外环境等所采用的措施发生的费用。

6）施工索赔：在工程合同履行过程中，合同当事人一方因非己方的原因而遭受损失，按合同约定或法规规定应由对方承担责任，从而向对方提出补偿的要求。

7）现场签证：发包人现场代表与承包人现场代表就施工过程中涉及的责任事件所作的签认证明。

表 3—7　　　　　　　　　　**其他项目清单与计价汇总表**

工程名称：小游园园林工程　　　　　　　　标段：　　　　　　　　　　　　第　页　共　页

序号	项目名称	金额（元）	结算金额（元）	备注
1	暂列金			
2	暂估价			
2.1	材料暂估价	—		
2.2	专业工程暂估价			
3	计日工			
4	总承包服务费			
5	索赔与现场签证			
合计				—

注：材料（工程设备）暂估单价进入清单项目综合单价，此处不汇总。

思考与练习

1. 编制园林工程量清单及清单计价，需要准备哪些资料？
2. 编制园林工程量清单的步骤是什么？

课题二
园林工程工程量清单计价编制

任务目标

◇了解园林工程工程量清单计价的组成

◇能进行园林工程工程量清单计价的编制

任务提出

根据图 2—2 所示小游园设计施工图编制的工程量清单进行工程量清单计价编制。预留金 3 万元，采用营改增的计税方式。

任务分析

需要熟练掌握工程量清单项目设置、园林工程量计算规则的说明及规定、工程量清单编制和计价的方法，才能准确进行园林工程工程量清单计价。

相关知识

一、工程量清单计价概念

工程量清单计价是指建设单位工程招标、投标工作中，招标人按国家统一的工程量计算规则提供工程量，由投标人依据工程量清单自主报价，并按照经评审合理低价中标的规则实行的一种工程造价方式。

二、工程量清单计价的一般规定

1. 工程量清单计价应包括按照招标文件规定，完成工程量清单所列项目的全部费用，包括分部分项工程费、措施项目费、其他项目费、规费和税金。

单位工程造价：
- 分部分项工程费、措施项目费、其他项目费——可竞争费用
- 规费、税金——不可竞争费用

2. 工程量清单投标计价应根据招标文件的有关要求和工程量清单，结合施工现场的实际情况、拟订的施工方案或施工组织设计、投标人自身情况，依据企业定额和市场价格信息，或参照各省颁布的“计价依据”以及《清单计价规范》进行编制。

3. 工程量清单投标计价应统一使用综合单价计价方法。综合单价计价方法是指项目单价采用全费用单价（规费、税金按各省建设工程施工取费定额规定的程序另行计算）的一种计价方法。

综合单价是完成一个规定计量单位的分部分项工程和措施清单项目所需的人工费、材料和工程设备费、施工机械使用费和企业管理费、利润以及一定范围内的风险费用。

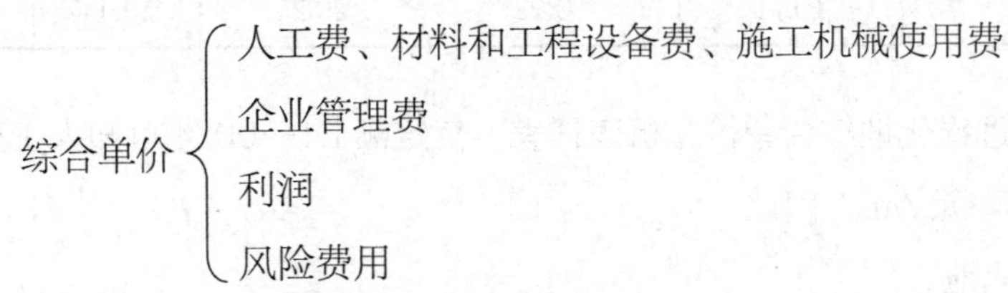

4. 工程量清单计价格式应与招标文件一起发至投标人。

任务实施

园林工程工程量清单计价

1. 分部分项工程量清单综合单价计算

分部分项工程量清单综合单价计算表，应由招标人根据需要提出要求后填写。

分部分项工程量清单综合单价计算表中的工程名称、项目编码、项目名称、计量单位、综合单价应与分部分项工程量清单计价表及分部分项工程量清单综合单价分析表的相应内容保持一致。

表中的定额编号为清单项目可组合的各主要工程内容所对应的定额子目的定额编号。

表中的工程内容是指清单项目所包含的可组合的各主要工程内容名称。

表中的数量为规定计量单位清单项目可组合的各主要工程内容的工程数量，按照投标人企业定额或参照计价依据所规定的计算规则计算确定。

表中人工费、材料费、机械使用费、管理费、利润、风险费用，是指完成规定计量单位清单项目所包含的某一项可组合主要工程内容所需的各项费用。

2. 分部分项工程量清单综合单价计算步骤

表 3—8 为《吉林省园林及仿古建筑工程计价定额》(JLJD—YL—2014)，由企业管理费费率表可知：园林绿化工程和人工土石方工程企业管理费和利润以人工费为基数，园林绿化工程企业管理费费率为 20.25%，人工土石方工程企业管理费费率为 12.22%；仿古建筑工程和园路建筑工程企业管理费和利润以“人工费 + 机具费”之和为基数，仿古建筑工程企业管理费费率为 10.66%，园林建筑工程企业管理费费率为 10.71%，利润费费率为 16%。

表 3—8　　企业管理费　　单位：%

工程类别	仿古建筑工程	园路建筑工程	机械土石方工程	园林绿化工程	安装工程	人工土石方工程
计取基数	人工费 + 机具费			人工费		
费率	10.66	10.71	10.02	20.25	18.44	12.22

(1)人工整理绿化地综合单价分析表样表　查定额 E1—0024 可知人工整理绿化地的人工费单价为 3.78 元 /m^2。因此：

人工整理绿化地：

$$人工费 = 工程量 \times 人工费单价 =1 \times 3.78=3.78 元$$

$$企业管理费 = 人工费 \times 费率 =3.78 \times 12.22\% \approx 0.46 元$$

$$利润 = 人工费 \times 费率 =3.78 \times 16\% \approx 0.60 元$$

企业管理费 + 利润 =0.46+0.60=1.06 元

材料费、机械费为 0 元

综合单价 = 人工费 + 材料费 + 机械费 + 企业管理费 + 利润 =3.78+1.06=4.84 元，整理绿化用地综合单价分析表见表 3—9。

表 3—9　　综合单价分析表

工程名称：小游园园林工程　　标段：　　第 页 共 页

<table>
<tr><td colspan="2">项目编码</td><td colspan="2">050101010001</td><td colspan="2">项目名称</td><td colspan="2">整理绿化用地</td><td>计量单位</td><td>m^2</td><td>工程量</td><td>585</td></tr>
<tr><td colspan="12">清单综合单价组成明细</td></tr>
<tr><td rowspan="2">定额编号</td><td rowspan="2">定额项目名称</td><td rowspan="2">定额单位</td><td rowspan="2">数量</td><td colspan="4">单价</td><td colspan="4">合价</td></tr>
<tr><td>人工费</td><td>材料费</td><td>机械费</td><td>管理费和利润</td><td>人工费</td><td>材料费</td><td>机械费</td><td>管理费和利润</td></tr>
<tr><td>E1—0024</td><td>整理绿化用地</td><td>m^2</td><td>1</td><td>3.78</td><td>0</td><td>0</td><td>1.06</td><td>3.78</td><td>0</td><td>0</td><td>1.06</td></tr>
<tr><td colspan="3">人工单价</td><td colspan="5">小计</td><td>3.78</td><td>0</td><td>0</td><td>1.06</td></tr>
<tr><td colspan="3">综合工日：105 元 / 工日</td><td colspan="5">未计价材料费</td><td colspan="4">0</td></tr>
<tr><td colspan="8">清单项目综合单价</td><td colspan="4">4.84</td></tr>
<tr><td rowspan="3">材料费明细</td><td colspan="4">主要材料名称、规格、型号</td><td>单位</td><td colspan="2">数量</td><td>单价（元）</td><td>合价（元）</td><td>暂估单价（元）</td><td>暂估合价（元）</td></tr>
<tr><td colspan="4"></td><td></td><td colspan="2"></td><td></td><td></td><td></td><td></td></tr>
<tr><td colspan="4"></td><td></td><td colspan="2"></td><td></td><td></td><td></td><td></td></tr>
</table>

注：1. 如不使用省级或行业建设主管部门发布的计价依据，可不填定额编码、名称等。

2. 招标文件提供了暂估单价的材料，按暂估的单价填入表内“暂估单价”栏及“暂估合价”栏。

（2）栽植工程综合单价分析表样表　查定额 E1—0154 可知栽植丛生九角枫（3～4 分枝，单枝粗 4～5 cm，土球直径 120 cm）；人工费单价为 102.27 元 / 株，材料费单价为 1 462.34 元 / 株，机械费单价均为 52.1 元 / 株；查定额 E1—0351 可知，后期养护人工费单价为 459.7 元 /10 株，材料费单价为 61.67 元 /10 株，机械费单价为 19.6 元 /10 株。因此：

栽植丛生九角枫：

人工费 = 工程量 × 人工费单价 =1 × 102.27=102.27 元

材料费 = 工程量 × 材料费单价 =1 × 1 462.34=1 462.34 元

机械费 = 工程量 × 机械费单价 =1 × 52.1=52.1 元

企业管理费 = 人工费 × 费率 =102.27×20.25%≈20.71 元

利润 = 人工费 × 费率 =102.27×16%≈16.36 元

企业管理费 + 利润 =20.71+16.36=37.07 元

后期养护：

人工费 = 工程量 × 人工费单价 =0.1×459.7=45.97 元

材料费 = 工程量 × 材料费单价 =0.1×61.67=6.17 元

机械费 = 工程量 × 机械费单价 =0.1×19.6=1.96 元

企业管理费 = 人工费 × 费率 =45.97×20.25%≈9.309 元

利润 = 人工费 × 费率 =45.97×16%≈7.355 元

企业管理费 + 利润 =9.309+7.355≈16.66 元

综合单价 = 人工费 + 材料费 + 机械费 +（企业管理费 + 利润）

=（102.27+45.97）+（1 462.34+6.17）+（52.1+1.96）+（37.07+16.66）

=1 724.54 元

栽植工程综合单价分析表见表 3—10。

表 3—10　　综合单价分析表

工程名称：小游园园林工程　　标段：　　第　页　共　页

项目编码	050102001001		项目名称	栽植丛生九角枫			计量单位	株	工程量	2	
清单综合单价组成明细											
定额编号	定额项目名称	定额单位	数量	单价				合价			
				人工费	材料费	机械费	管理费和利润	人工费	材料费	机械费	管理费和利润
E1—0154	普坚土种植土球苗土　球径 120 cm×深 90 cm	株	1	102.27	1 462.34	52.1	37.07	102.27	1 462.34	52.1	37.07
E1—0351×2	后期养护乔木及果树　子目×2	10 株	0.1	459.7	61.67	19.6	166.64	45.97	6.17	1.96	16.66
人工单价		小计						148.24	1 468.51	54.06	53.73
综合工日：105 元 / 工日		未计价材料费						1 500			
清单项目综合单价								1 724.54			

续表

<table>
<tr><td colspan="2">项目编码</td><td>050102001001</td><td>项目名称</td><td>栽植丛生九角枫</td><td>计量单位</td><td>株</td><td>工程量</td><td>2</td></tr>
<tr><td rowspan="5">材料费明细</td><td colspan="3">主要材料名称、规格、型号</td><td>单位</td><td>数量</td><td>单价（元）</td><td>合价（元）</td><td>暂估单价（元）</td><td>暂估合价（元）</td></tr>
<tr><td colspan="3">其他材料费</td><td>元</td><td>1.05</td><td>1</td><td>1.05</td><td></td><td></td></tr>
<tr><td colspan="3">丛生九角枫 3～4 分枝，单枝粗 4～5 cm，土球直径 120 cm</td><td>株</td><td>1</td><td>1 500</td><td>1 500</td><td></td><td></td></tr>
<tr><td colspan="5">其他材料费</td><td>—</td><td>54.82</td><td>—</td><td>0</td></tr>
<tr><td colspan="5">材料费小计</td><td>—</td><td>1 555.87</td><td>—</td><td>0</td></tr>
</table>

注：1. 如不使用省级或行业建设主管部门发布的计价依据，可不填定额编码、名称等。

2. 招标文件提供了暂估单价的材料，按暂估的单价填入表内“暂估单价”栏及“暂估合价”栏。

用同样的方法可求得小游园园林工程的绿化工程、园路工程、花架工程、木亭工程、花坛工程等分项工程的综合单价。

（3）换土综合单价分析表样表（见表 3—11） 由《吉林省园林及仿古建筑工程计价定额》（JLJD—YL—2014）及企业管理费费率表可知换土企业管理费费率为 20.25%，以人工费为基数。

表 3—11　　综合单价分析表

工程名称：小游园园林工程　　标段：　　第　页　共　页

<table>
<tr><td colspan="2">项目编码</td><td colspan="2">050101009001</td><td colspan="2">项目名称</td><td colspan="2">种植土回（换）填</td><td>计量单位</td><td>m^3</td><td>工程量</td><td>175.5</td></tr>
<tr><td colspan="12">清单综合单价组成明细</td></tr>
<tr><td rowspan="2">定额编号</td><td rowspan="2">定额项目名称</td><td rowspan="2">定额单位</td><td rowspan="2">数量</td><td colspan="4">单价</td><td colspan="4">合价</td></tr>
<tr><td>人工费</td><td>材料费</td><td>机械费</td><td>管理费和利润</td><td>人工费</td><td>材料费</td><td>机械费</td><td>管理费和利润</td></tr>
<tr><td>E1—0089</td><td>回填轻质种基质</td><td>m^3</td><td>1</td><td>7.56</td><td>24.54</td><td>0</td><td>2.74</td><td>7.56</td><td>24.54</td><td>0</td><td>2.74</td></tr>
<tr><td colspan="2">人工单价</td><td colspan="6">小计</td><td>7.56</td><td>24.54</td><td>0</td><td>2.74</td></tr>
<tr><td colspan="2">综合工日：105 元 / 工日</td><td colspan="6">未计价材料费</td><td colspan="4">26</td></tr>
<tr><td colspan="8">清单项目综合单价</td><td colspan="4">34.84</td></tr>
</table>

续表

项目编码	050101009001	项目名称	种植土回（换）填		计量单位	m^3	工程量	175.5
材料费明细	主要材料名称、规格、型号		单位	数量	单价（元）	合价（元）	暂估单价（元）	暂估合价（元）
	轻质种植基质		m^3	1.04	25	26		
	材料费小计				—	26	—	0

注：1. 如不使用省级或行业建设主管部门发布的计价依据，可不填定额编码、名称等。

2. 招标文件提供了暂估单价的材料，按暂估的单价填入表内“暂估单价”栏及“暂估合价”栏。

（4）园路工程综合单价分析表样表（见表3—12） 由《吉林省园林及仿古建筑工程计价定额》（JLJD—YL—2014）及企业管理费费率表可知园路工程企业管理费费率为10.71%，以“人工费＋机具费”为基数。

表3—12 综合单价分析表

工程名称：小游园园林工程 标段： 第 页 共 页

项目编码		050201001001	项目名称		透水砖路面		计量单位		m^2	工程量	23.7
清单综合单价组成明细											
定额编号	定额项目名称	定额单位	数量	单价				合价			
				人工费	材料费	机械费	管理费和利润	人工费	材料费	机械费	管理费和利润
E1—0537换	铺混凝土砌块砖 浆垫	m^2	1	21.84	112.78	1.26	5.95	21.84	112.78	1.26	5.95
E1—0007	人工挖路床	m^3	0.456 1	30.45	0	0	8.59	13.89	0	0	3.92
E1—0657	200厚粗沙垫层	m^3	0.2	16.8	59.26	1.21	4.61	3.36	11.85	0.24	0.92
E1—0661	150厚C15混凝土垫层	m^3	0.150 2	26.46	363.4	7.56	7.8	3.97	54.59	1.14	1.17
E1—0571	花岗岩边石500×100×100	m	2.957 8	14.28	23.54	1.26	3.93	42.24	69.63	3.73	11.62
人工单价		小计						85.3	248.85	6.36	23.59
综合工日：105元/工日		未计价材料费						0			
清单项目综合单价								364.1			

续表

<table>
<tr><td colspan="2">项目编码</td><td>050201001001</td><td>项目名称</td><td colspan="2">透水砖路面</td><td>计量单位</td><td>m²</td><td>工程量</td><td>23.7</td></tr>
<tr><td rowspan="9">材料费明细</td><td colspan="3">主要材料名称、规格、型号</td><td>单位</td><td>数量</td><td>单价（元）</td><td>合价（元）</td><td>暂估单价（元）</td><td>暂估合价（元）</td></tr>
<tr><td colspan="3">其他材料费</td><td>元</td><td>7.471 2</td><td>1</td><td>7.47</td><td></td><td></td></tr>
<tr><td colspan="3">水泥 32.5</td><td>kg</td><td>25.594</td><td>0.42</td><td>10.75</td><td></td><td></td></tr>
<tr><td colspan="3">混凝土砌块砖 200×100×60</td><td>块</td><td>51</td><td>2.13</td><td>108.63</td><td></td><td></td></tr>
<tr><td colspan="3">沙子</td><td>m³</td><td>0.206</td><td>60</td><td>12.36</td><td></td><td></td></tr>
<tr><td colspan="3">商品混凝土 C15</td><td>m³</td><td>0.154</td><td>375</td><td>57.75</td><td></td><td></td></tr>
<tr><td colspan="3">花岗岩块道牙</td><td>m</td><td>2.987 4</td><td>20</td><td>59.75</td><td></td><td></td></tr>
<tr><td colspan="5">其他材料费</td><td>—</td><td>10.35</td><td>—</td><td>0</td></tr>
<tr><td colspan="5">材料费小计</td><td>—</td><td>267.06</td><td>—</td><td>0</td></tr>
</table>

注：1. 如不使用省级或行业建设主管部门发布的计价依据，可不填定额编码、名称等。

2. 招标文件提供了暂估单价的材料，按暂估的单价填入表内“暂估单价”栏及“暂估合价”栏。

（5）炭化木地板综合单价分析表样表（见表 3—13） 由《吉林省园林及仿古建筑工程计价定额》（JLJD—YL—2014）及企业管理费费率表可知炭化木地板企业管理费费率为 10.71%，以“人工费 + 机具费”为基数。

表 3—13　　综合单价分析表

工程名称：小游园园林工程　　标段：　　第　页　共　页

<table>
<tr><td colspan="2">项目编码</td><td colspan="2">050201001003</td><td>项目名称</td><td colspan="2">炭化木地板</td><td>计量单位</td><td>m²</td><td>工程量</td><td>10.11</td></tr>
<tr><td colspan="12">清单综合单价组成明细</td></tr>
<tr><td rowspan="2">定额编号</td><td rowspan="2">定额项目名称</td><td rowspan="2">定额单位</td><td rowspan="2">数量</td><td colspan="4">单价</td><td colspan="4">合价</td></tr>
<tr><td>人工费</td><td>材料费</td><td>机械费</td><td>管理费和利润</td><td>人工费</td><td>材料费</td><td>机械费</td><td>管理费和利润</td></tr>
<tr><td>E1—0563 换</td><td>室外木地板　木龙骨　厚 30 mm 以内</td><td>m²</td><td>1</td><td>38.22</td><td>266.85</td><td>1.52</td><td>10.36</td><td>38.22</td><td>266.85</td><td>1.52</td><td>10.36</td></tr>
<tr><td>E1—0007</td><td>人工挖路床</td><td>m³</td><td>1</td><td>30.45</td><td>0</td><td>0</td><td>8.59</td><td>30.45</td><td>0</td><td>0</td><td>8.59</td></tr>
<tr><td>E1—0657</td><td>200 厚粗沙垫层</td><td>m³</td><td>0.666 7</td><td>16.8</td><td>59.26</td><td>1.21</td><td>4.61</td><td>11.2</td><td>39.51</td><td>0.81</td><td>3.07</td></tr>
<tr><td>E1—0661</td><td>100 厚 C15 混凝土垫层</td><td>m³</td><td>0.333 3</td><td>26.46</td><td>363.4</td><td>7.56</td><td>7.8</td><td>8.82</td><td>121.13</td><td>2.52</td><td>2.6</td></tr>
</table>

续表

项目编码		050201001003		项目名称		炭化木地板		计量单位	m^2	工程量	10.11
E1—0059	20 厚 1∶3 水泥砂浆找平	m^2	1	7.56	6.14	0.38	2.74	7.56	6.14	0.38	2.74
E1—0930	刷木蜡油	m^2	1	10.08	18.96	0	2.69	10.08	18.96	0	2.69
人工单价		小计						106.33	452.59	5.23	30.05
综合工日：105 元 / 工日		未计价材料费						0			
清单项目综合单价								594.2			
材料费明细	主要材料名称、规格、型号					单位	数量	单价（元）	合价（元）	暂估单价（元）	暂估合价（元）
	其他材料费					元	14.363 3	1	14.36		
	水泥 32.5					kg	14.618	0.42	6.14		
	沙子					m^3	0.686 7	60	41.2		
	商品混凝土 C15					m^3	0.341 7	375	128.14		
	防腐木地板					m^2	1.05	220	231		
	防腐木					m^3	0.011 4	3 500	39.9		
	耐候木油					kg	0.225	85	19.13		
	其他材料费							—	5.72	—	0
	材料费小计							—	485.59	—	0

注：1. 如不使用省级或行业建设主管部门发布的计价依据，可不填定额编码、名称等。

2. 招标文件提供了暂估单价的材料，按暂估的单价填入表内“暂估单价”栏及“暂估合价”栏。

用上述方法可以计算出花架工程、木亭工程、花坛工程各分项工程综合单价。

3. 分部分项工程和单价措施项目清单与计价表

合价 = 工程量 × 综合单价

如：整理绿化用地的合价 = 工程量 × 综合单价 =585 × 4.84=2 831.4 元

种植土回（换）填的合价 = 工程量 × 综合单价 =175.5 × 34.84=6 114.42 元

其他分项工程合价计算方法相同。填写工程量清单计价表重点是清单项和定额项的选择和项目特征描述，套项时要严格按照招标文件给定的工程量清单项目特征描述进行。

将各合价竖向相加得分部分项工程量清单计价合计。

措施项目清单计价和分部分项工程计价方法相同，分部分项工程和单价措施项目清单与计价表见表 3—14。

表 3—14　分部分项工程和单价措施项目清单与计价表

工程名称：小游园园林工程　　标段：　　第 1 页　共 6 页

序号	项目编码	项目名称	项目特征描述	计量单位	工程量	金额（元）		
						综合单价	合价	其中 暂估价
		一、绿化工程						
1	050101010001	整理绿化用地		m^2	585	4.84	2 831.4	
2	050101009001	种植土回（换）填		m^3	175.5	34.84	6 114.42	
3	050102001001	栽植丛生九角枫	1. 规格：3～4 分枝，单枝粗 4～5 cm，土球直径 120 cm 2. 备注：树冠丰满，姿态优美，生长势好 3. 装饰：树皮覆盖物 4. 说明：此次综合单价不包含树皮覆盖物，为我方提供的优惠施工条件 5. 养护期：两年	株	2	1 724.54	3 449.08	
4	050102001002	栽植银杏	1. 规格：胸径 12 cm，土球直径 100 cm 2. 备注：树冠丰满，姿态优美，生长势好 3. 装饰：树皮覆盖物 4. 说明：此次综合单价不包含树皮覆盖物，为我方提供的优惠施工条件 5. 养护期：两年	株	9	752.97	6 776.73	
5	050102001003	栽植国槐	1. 规格：胸径 D= 10 cm 2. 备注：树冠丰满，姿态优美，生长势好 3. 装饰：树皮覆盖物 4. 说明：此次综合单价不包含树皮覆盖物，为我方提供的优惠施工条件 5. 养护期：两年	株	7	564.85	3 953.95	

续表

序号	项目编码	项目名称	项目特征描述	计量单位	工程量	金额（元）		
						综合单价	合价	其中 暂估价
6	050102001004	栽植王族海棠		株	16	366.1	5 857.6	
7	050102002001	栽植小桃红	1. 规格：冠幅 W=1 m 2. 备注：蓬形开展，姿态优美，三年以上成苗 3. 养护期：两年	株	9	108.03	972.27	
8	050102002002	栽植金叶榆球	1. 规格：冠幅 W=80 cm，土球直径 40 cm 2. 备注：球径规整，姿态优美 3. 养护期：两年	株	12	152.08	1 824.96	
9	050102007001	栽植小叶黄杨模纹	1. 规格：高度 H=30 cm 2. 备注：栽植后不漏土，表面平整优美，三年以上成苗 3. 密度：49 株 /m^2 4. 养护期：两年	m^2	9	134.66	1 211.94	
10	050102005001	栽植紫叶小檗	规格：高度 H=80 cm	m	8	75.28	602.24	
本页小计							33 594.59	

注：为计取规费等的使用，可在表中增设“定额人工费”。

分部分项工程和单价措施项目清单与计价表

工程名称：小游园园林工程　　　　标段：　　　　第 2 页　共 6 页

序号	项目编码	项目名称	项目特征描述	计量单位	工程量	金额（元）		
						综合单价	合价	其中 暂估价
		绿篱	1. 备注：栽植后不漏土，表面平整优美，三年以上成苗 2. 密度：10 株 /m^2 3. 养护期：两年					

续表

序号	项目编码	项目名称	项目特征描述	计量单位	工程量	金额（元）		
						综合单价	合价	其中 暂估价
11	050102008001	栽植一串红	1. 规格：高度 H=20 cm 2. 备注：栽植后不漏土，表面平整优美 3. 密度：50 株 /m^2 4. 养护期：两年	m^2	5	20.3	101.5	
12	050102012001	铺植草皮	1. 铺植草皮卷 2. 养护期：两年	m^2	342	17.84	6 101.28	
		分部小计					39 797.37	
		二、园路工程						
13	050201001001	透水砖路面	1. 材质：透水砖 200×100×60 2. 做法：200×100×60 透水砖，50 厚 1∶3 干硬性水泥砂浆，150 厚 C15 混凝土垫层，200 厚粗沙垫层，素土夯实（密实度≥93%），花岗岩边石 500×100×100	m^2	23.7	364.1	8 629.17	
14	050201001002	火烧板路面	1. 材质：火烧板 300×600×30 2. 做法：300×600×30 火烧板，50 厚 1∶3 干硬性水泥砂浆，150 厚 C15 混凝土垫层，200 厚粗沙垫层，素土夯实（密实度≥93%），花岗岩边石 500×100×100	m^2	76.4	336.32	25 694.85	
15	050201001003	炭化木地板	1. 材质：炭化木地板 120×30 2. 做法：120×30 炭化木地板（木龙骨），20 厚 1∶3 水泥砂浆找平，100 厚 C15 混凝土垫层，200 厚粗沙垫层，素土夯实（密实度≥93%），刷木蜡油	m^2	10.11	594.2	6 007.36	

续表

序号	项目编码	项目名称	项目特征描述	计量单位	工程量	金额（元）		
						综合单价	合价	其中 暂估价
16	050201001004	卵石路面	1. 材质：卵石，粒径20～30 mm，白色 2. 做法：卵石，粒径20～30 mm，50厚1∶3水泥砂浆，150厚C15混凝土垫层，200厚粗沙垫层，素土夯实（密实度≥93%），花岗岩边石500×100×100	m^2	6	277.69	1 666.14	
			本页小计				48 200.3	

注：为计取规费等的使用，可在表中增设“定额人工费”。

分部分项工程和单价措施项目清单与计价表

工程名称：小游园园林工程　　　　标段：　　　　第3页　共6页

序号	项目编码	项目名称	项目特征描述	计量单位	工程量	金额（元）		
						综合单价	合价	其中 暂估价
17	050201001005	步石	1. 材质：山东黄锈石300×600×50 2. 做法：300×600×500山东黄锈石，20厚1∶3水泥砂浆，200厚粗沙垫层，素土夯实（密实度≥93%）	m^2	6.25	291.96	1 824.75	
		分部小计					43 822.27	
	E.3.4	混凝土花架工程						
18	010101001001	平整场地		m^2	15.84	3.08	48.79	
		分部小计					48.79	
		三、混凝土花架						
19	010101001002	平整场地	清除有碍施工的一切杂物	m^2	15.84	3.08	48.79	

续表

序号	项目编码	项目名称	项目特征描述	计量单位	工程量	金额（元）		
						综合单价	合价	其中 暂估价
20	010101004001	挖基坑土方	1. 土壤类别：三类土 2. 基础类型：独立基础 3. 挖土深度：1.2 m 4. 弃土运距：就近处理	m^3	7.76	55.74	432.54	
21	010103001001	回填方	密度要求：人工夯实	m^3	5.42	12.63	68.45	
22	010501003001	独立基础	1. 独立基础 C20 2.100 厚混凝土垫层 C10 3. 100 厚碎石垫层 4. 素土夯实 5. 现场搅拌混凝土	m^3	1.04	767.47	798.17	
23	050304001003	现浇混凝土花架柱	1. 200×200 矩形柱 2. 现场搅拌混凝土 搅拌机 碎石粒径 20 石 C20 3. 振捣	m^3	0.9	537.19	483.47	
24	050304001002	现浇混凝土花架梁	1. 200×150 矩形梁 2. 现场搅拌混凝土 搅拌机 碎石粒径 20 石 C20 3. 振捣	m^3	0.77	509.03	391.95	
25	020409005002	预制檩条	1. 预制 150×80 檩条 2. 详见施工图	m^3	0.67	1 555.34	1 042.08	
26	010512001001	坐凳板	1. 名称：坐凳板（含凳腿）	m^3	0.25	513.72	128.43	
27	011203001001	1∶3 水泥砂浆抹灰	1. 抹灰 1∶3 水泥砂浆 2. 部位：柱、梁、檩条	m^2	85.21	87.9	7 489.96	
28	010515001001	ϕ10 以外钢筋制作、安装	1. 部位：柱 2. 规格：现浇钢筋 ϕ10 以外（ϕ12） 3. 类别：制作、安装	t	0.08	4 415.5	353.24	

续表

序号	项目编码	项目名称	项目特征描述	计量单位	工程量	金额（元）		
						综合单价	合价	其中 暂估价
29	010515001002	ϕ10 以内钢筋制作、安装	1. 部位：梁、檩条 2. 规格：现浇钢筋 ϕ10 以内（ϕ10、ϕ8） 3. 类别：制作、安装	t	0.364	4 933.02	1 795.62	
		本页小计					14 906.24	

注：为计取规费等的使用，可在表中增设“定额人工费”。

分部分项工程和单价措施项目清单与计价表

工程名称：小游园园林工程　　　　标段：　　　　第 4 页　共 6 页

序号	项目编码	项目名称	项目特征描述	计量单位	工程量	金额（元）		
						综合单价	合价	其中 暂估价
30	011208001001	柱、梁、檩条真石漆装饰	1. 部位：柱、梁、檩条 2. 颜色：红、黄、蓝，具体颜色见施工图	m^2	61.37	52.01	3 191.85	
31	011702001001	基础模板	独立基础模板	m^3	1.04	99.99	103.99	
32	050402004001	现浇混凝土花架柱模板	1. 断面尺寸：0.2×0.2	m^2	17.92			
33	050402005001	现浇混凝土花架梁模板	1. 断面尺寸：0.2×0.15 2. 梁底高度：200 mm	m^2	41.76	681.79	28 471.55	
		分部小计					44 800.09	
		四、木亭						
34	010101001003	平整场地	清除有碍施工的一切杂物	m^2	10.56	3.1	32.74	
35	010101004002	挖基坑土方	1. 土壤类别：三类土 2. 基础类型：独立基础 3. 挖土深度：1.2 m 4. 弃土运距：就近处理	m^3	2.94	55.74	163.88	
36	010103001002	回填方	1. 密度要求：人工夯实	m^3	1.27	12.97	16.47	

续表

序号	项目编码	项目名称	项目特征描述	计量单位	工程量	金额（元）		
						综合单价	合价	其中
								暂估价
37	010501003002	独立基础	1. 独立基础 C20 2. 100 厚混凝土垫层 C10 3. 100 厚碎石垫层 4. 素土夯实 5. 现场搅拌混凝土	m^3	1.04	531	552.24	
38	050304004001	木花架柱、梁	1. 木材种类：炭化木 2. 柱、梁截面：柱 0.2×0.2 m，详见施工图 3. 连接方式：榫卯 4. 防护材料种类：2 遍木蜡油	m^3	2.65	4 429.92	11 739.29	
39	050303009001	木（炭化木）屋面	1. 木种类：炭化木 2. 防材护层处理：2 遍木蜡油	m^2	34.64	123.54	4 279.43	
40	010902001001	屋面卷材防水	1. 卷材品种、规格、厚度：3 mm 厚改性沥青油毡 2. 防水层数：一层 3. 防水层做法：烘烤、搭接	m^2	34.64	46.07	1 595.86	
41	050303004001	油毡瓦屋面（深灰色）	1. 冷底子油品种：快挥发性冷底子油 2. 冷底子油涂刷遍数：2 遍 3. 油毡瓦颜色规格：1 000×333 mm	m^2	34.64	225.18	7 800.24	
42	020510004001	坐凳面	1. 木材品种：炭化木 2. 板厚度：50 mm 3. 刨光要求：4 面光 4. 防护材料种类、涂刷遍数：刷木蜡油 2 遍	m^2	1.44	179.22	258.08	
			本页小计				58 205.62	

注：为计取规费等的使用，可在表中增设“定额人工费”。

分部分项工程和单价措施项目清单与计价表

工程名称：小游园园林工程　　　　标段：　　　　第5页 共6页

序号	项目编码	项目名称	项目特征描述	计量单位	工程量	金额（元）		
						综合单价	合价	其中 暂估价
43	020501005001	木宝顶	1. 构件名称、类别：木宝顶 2. 木材品种：炭化木 3. 构件规格：L=0.9 m，ϕ=0.25 mm 4. 刨光要求：全面光 5. 防护材料种类、涂刷遍数：刷木蜡油2遍	m^3	0.04	9 647	385.88	
44	050201001006	木亭地板	1. 名称：木亭地面炭化木地板 2. 垫层：300厚级配沙石，100厚C20混凝土垫层，20厚1∶3水泥砂浆 3. 规格：120×50	m^2	25	437.15	10 928.75	
45	020906014001	刷木蜡油	刷木蜡油2遍	m^2	160.62	63.46	10 192.95	
		分部小计					47 945.81	
		五、花坛						
46	010101001004	平整场地	清除有碍施工的一切杂物	m^2	6.67	3.1	20.68	
47	010101003001	挖沟槽土方	1. 土壤类别：三类土 2. 挖土深度：1.5 m以内 3. 填方来源、运距：原地处理	m^3	3.62	43.35	156.93	
48	010103001003	回填方	密度要求：人工夯实	m^3	0.88	12.95	11.4	
49	010404001001	垫层	垫层材料种类、配合比、厚度：粗沙垫层，300厚	m^3	1.33	115.35	153.42	
50	010401001001	砖基础	1. 砖品种、规格、强度等级：MU7.5砖砌体 2. 基础类型：条形基础 3. 砂浆强度等级：M5	m^3	1.42	362.8	515.18	

续表

序号	项目编码	项目名称	项目特征描述	计量单位	工程量	金额（元）		
						综合单价	合价	其中
								暂估价
51	010401003001	实心砖墙	1. 砖品种、规格、强度等级：MU7.5 砖砌体 2. 基础类型：11 砖墙 3. 砂浆强度等级：M5	m^3	0.62	413.44	256.33	
52	040303016001	混凝土挡墙压顶	混凝土强度等级：C20	m^3	0.27	493.63	133.28	
53	011108001001	花岗岩压顶	1. 工程部位：花坛压顶 2. 规格：300×600×50 3. 找平层厚度、砂浆配合比为10厚1：3水泥砂浆	m^2	1	219.2	219.2	
54	011201001001	墙面一般抹灰	1. 墙体类型：砖墙 2. 底层厚度、砂浆配合比为1：3水泥砂浆	m^2	10.82	28.61	309.56	
55	011206002001	贴文化石	1. 基层类型、部位：花坛墙 2. 安装方式为1：3水泥砂浆粘贴	m^2	4.16	102.33	425.69	
			本页小计				23 709.25	

注：为计取规费等的使用，可在表中增设“定额人工费”。

分部分项工程和单价措施项目清单与计价表

工程名称：小游园园林工程　　　　标段：　　　　第6页　共6页

序号	项目编码	项目名称	项目特征描述	计量单位	工程量	金额（元）		
						综合单价	合价	其中
								暂估价
56	041102018001	压顶模板	构件类型：混凝土压顶	m^2	2.23	81.02	180.67	
57	010515001003	ϕ10以内钢筋制作、安装	1. 部位：压顶 2. 规格：现浇钢筋ϕ10以内（ϕ10） 3. 类别：制作、安装	t	0.018	4 932.78	88.79	
		分部小计					2 471.13	

续表

序号	项目编码	项目名称	项目特征描述	计量单位	工程量	金额（元）		
						综合单价	合价	其中
								暂估价
		单价措施						
		分部小计						
本页小计							269.46	
合计							178 885.46	

注：为计取规费等的使用，可在表中增设“定额人工费”。

4. 总价措施项目清单与计价表

1.“计算基础”中安全文明施工费可为“定额基价”“定额人工费”或“定额人工费＋定额机械费”，其他项目可为“定额人工费”或“定额人工费＋定额机械费”。

2. 按施工方案计算的措施费，若无“计算基础”和“费率”的数值，也可只填“金额”数值，但应在备注栏说明施工方案出处或计算方法，总价措施项目清单与计价表见表 3—15。

表 3—15　　总价措施项目清单与计价表

工程名称：小游园园林工程　　标段：　　第　页　共　页

序号	项目编码	项目名称	计算基础	费率（%）	金额（元）	调整费率（%）	调整后金额（元）	备注
1	050405001001	安全文明施工（含环境保护、文明施工、安全施工、临时设施）	（人工费＋机具费）× 费率	5.97	3 147.91			
2	050405002001	夜间施工	按规定计取					
3	050405003001	非夜间施工照明	按规定计取					
4	050405004001	二次搬运	人工费 × 费率	0.3	160.34			
5	050405005001	雨季施工	人工费 × 费率	0.38	203.1			
6	050405005002	冬季施工	按规定计取	150				
7	050405006001	反季节栽植影响措施	按规定计取					
8	050405007001	地上、地下设施、建筑物的临时保护设施	按规定计取					
9	050405008001	已完工程及设备保护	按规定计取					
10	05B001	工程定位复测费	（人工费＋机具费）× 费率	0.71	390.53			
合计					3 901.88			

编制人（造价人员）：　　复核人（造价工程师）：

5. 其他项目清单计价表

其他项目清单计价表中的序号、项目名称必须按其他项目清单中的相应内容填写。

招标人部分的金额要按招标人提出的数额填写，投标人部分的总承包服务费应根据投标人提出要求所发生的费用计算确定。如招标人在其他项目清单中列出的暂列金金额为3万元，投标人应按3万元填写。

暂列金、暂估价、材料暂估价、专业工程暂估价、计日工、总承包服务费、索赔与现场签证的金额相加，即为其他项目清单计价合计，见表3—16至表3—21。

表3—16　　其他项目清单与计价汇总表

工程名称：小游园园林工程　　标段：　　第1页　共1页

序号	项目名称	金额（元）	结算金额（元）	备注
1	暂列金	30 000		
2	暂估价			
2.1	材料暂估价	—		
2.2	专业工程暂估价			
3	计日工			
4	总承包服务费			
5	索赔与现场签证			
合计		30 000		—

注：材料（工程设备）暂估单价进入清单项目综合单价，此处不汇总。

表3—17　　暂列金金额明细表

工程名称：小游园园林工程　　标段：　　第1页　共1页

序号	项目名称	计量单位	暂定金额（元）	备注
1	暂列金		30 000	
合计			30 000	—

注：此表由招标人填写，如不能详列，也可只列暂列金总额，投标人应将上述暂列金计入投标总价中。

表3—18　　材料（工程设备）暂估单价及调整表

工程名称：小游园园林工程　　标段：　　第1页　共1页

序号	材料（工程设备）名称、规格、型号	计量单位	数量		暂估（元）		确认（元）		差额±（元）		备注
			暂估	确认	单价	合价	单价	合价	单价	合价	
合计											

注：此表由招标人填写“暂估单价”，并在备注栏说明暂估价的材料、工程设备拟用在哪些清单项目上，投标人应将上述材料、工程设备暂估单价计入工程量清单综合单价报价中。

表 3—19　　专业工程暂估价及结算价表

工程名称：小游园园林工程　　标段：　　第 1 页　共 1 页

序号	工程名称	工程内容	暂估金额（元）	结算金额（元）	差额 ±（元）	备注
合计						—

注：此表“暂估金额”由招标人填写，投标人应将“暂估金额”计入投标总价中，结算时按合同约定结算金额填写。

表 3—20　　计日工表

工程名称：小游园园林工程　　标段：　　第 1 页　共 1 页

编号	项目名称	单位	暂定数量	实际数量	综合单价（元）	合价	
						暂定	实际
1	人工						
人工小计							
2	材料						
材料小计							
3	机械						
机械小计							
4. 企业管理费和利润							
总计							

注：此表项目名称、暂定数量由招标人填写，编制招标控制价时，单价由招标人按有关计价规定确定；投标时，单价由投标人自主报价，按暂定数量计算合价计入投标总价中。结算时，按发承包双方确认的实际数量计算合价。

表 3—21　　总承包服务费计价表

工程名称：小游园园林工程　　标段：　　第 1 页　共 1 页

序号	项目名称	项目价值（元）	服务内容	计算基础	费率（%）	金额（元）
合计						

注：此表项目名称、服务内容由招标人填写，编制招标控制价时，费率及金额由招标人按有关计价规定确定；投标时，费率及金额由投标人自主报价，计入投标总价中。

6. 单位工程费汇总表

单位工程费汇总表见表 3—22，表中金额应分别按照分部分项工程量清单计价表、措施项目清单计价表、其他项目清单计价表的合计金额和按有关规定计算的规费、税金填写。以上五个项目的金额相加成为合计金额，也就是单位工程费。

表 3—22　　单位工程投标报价汇总表

工程名称：小游园园林工程　　标段：　　第 1 页　共 1 页

序号	汇总内容	金额（元）	其中：暂估价（元）
1	分部分项工程	178 885.46	
1.1	一、绿化工程	39 797.37	
1.2	二、园路工程	43 822.27	
1.3	E.3.4 混凝土花架工程	48.79	
1.4	三、混凝土花架	44 800.09	
1.5	四、木亭	47 945.81	
1.6	五、花坛	2 471.13	
2	措施项目	3 901.88	
2.1	其中：安全文明施工费	3 147.91	
3	其他项目	30 000	—
3.1	其中：暂列金	30 000	
3.2	其中：专业工程暂估价		
3.3	其中：计日工		
3.4	其中：总承包服务费		
4	规费	7 580.23	—
5	优质优价增加费		
6	税金	24 240.43	—
投标报价合计 =1+2+3+4+5+6		244 608.00	

注：本表适用于单位工程招标控制价或投标报价的汇总，如无单位工程划分，单项工程也使用本表汇总。

7. 编制总说明

编制总说明（见表 3—23）应包括下列内容：

（1）工程量清单投标报价文件包括的内容。

（2）工程量清单投标报价编制的依据。

（3）工程质量等级、投标工期。

（4）优越于招标文件中技术标准的备选方案的说明。

（5）对招标文件中的某些有异议问题的说明。

（6）其他需要说明的问题。

表 3—23 **总说明**

工程名称：小游园园林工程　　第 页 共 页

1. 投标报价文件包括：（略）。
2. 投标报价依据：
2.1 小游园施工图、《招标书》《投标须知》《答疑》等招标文件。
2.2 某市建设工程造价管理站 2016 年某期发布的材料参考价，并参照市场价格。
3. 工程质量要求为优良、投标工期为 50 天。
4. 优越于招标文件中技术标准的备选方案的说明：（略）。
5. 对招标文件中的某些有异议问题的说明：该工程无特殊要求，故采用一般施工方法。

8. 投标总价扉页

投标总价扉页（见表 3—24）上的工程名称按投标项目的名称填写。投标总价为各单项工程的金额相加。

表 3—24 **投标总价扉页**

投标总价

招 标 人：

工程名称：小游园园林工程

投标总价（小写）：244608

（大写）：贰拾肆万肆仟陆佰零捌元整

投 标 人：

（单位盖章）

法定代表人

或其授权人：

（签字或盖章）

编 制 人：

（造价人员签字盖专用章）

9. 投标总价封面

投标总价封面上要写明工程项目的名称、投标人、时间并加盖公章（见表 3—25）。

表 3—25　　投标总价封面

小游园园林工程

投标总价

投标人：

（单位盖章）

年　　月　　日

10. 其他

工程量清单计价中还包括人材机汇总表、主要材料价格表、主材表、分部分项工程和单价措施项目清单综合单价分析表，应根据招标文件的具体要求灵活运用。

（1）人材机汇总表（见表 3—26）

表 3—26　　人材机汇总表

工程名称：小游园园林工程　　第　页　共　页

序号	编码	材料名称	规格、型号等特殊要求	单位	数量	预算价	市场价	价差	价差合计
1	E870001	综合工日		工日	441.946 91	105	105		
2	E870002	仿古综合工日		工日	3.660 98	120	120		
3	R00001	综合工日		工日	12.805 85	105	105		
4	R00003	装饰综合工日		工日	43.828 37	120	120		
5	RGFTZ	人工费调整		元	0.063	1	1		
6	C00005	水		m^3	0.588 45	9	9		
7	C00014	其他材料费		元	50.157 76	1	1		
8	C00017	水		m^3	8.207 16	9	9		
9	C00019	中沙		m^3	14.321 96	65	65		
10	C00024	铁钉		kg	0.302	4.6	4.6		
11	C00025	二等板方材		m^3	0.001 65	1 720	1 720		

续表

序号	编码	材料名称	规格、型号等特殊要求	单位	数量	预算价	市场价	价差	价差合计
12	C00027	塑料薄膜		m^2	4.068	0.9	0.9		
13	C00028	木模板		m^3	0.002 3	1 830	1 830		
14	C00029	组合钢模板		kg	1.655	5.5	5.5		
15	C00030	卡具配件		kg	0.615	4.5	4.5		
16	C00030@1	中粗沙		m^3	0.171 36	65	65		
17	C00036	电焊条		kg	0.672	5.04	5.04		
18	C00047	中粗沙		m^3	0.705 43	65	65		
19	C00051	混沙		m^3	0.203	60	60		
20	C00052	碎石	40	m^3	1.226 12	62	62		
21	C00054	镀锌铁丝	8#	kg	0.789	4.5	4.5		
22	C00057	水泥	32.5	kg	77.418	0.42	0.42		
23	C00058	水泥	32.5	kg	5 250.689 7	0.42	0.42		
24	C00085	机制砖		千块	1.051 04	410	410		
25	C00101	圆钢	ϕ10 以内	t	0.393 46	3 650	3 650		
26	C00158	塑料薄膜		m^2	1.099 44	0.9	0.9		
27	C00169	镀锌铁丝	22#	kg	4.212 8	4.5	4.5		
28	C00170	圆钢	ϕ10 以外	t	0.082 4	3 700	3 700		
29	C00172	碎石	40	m^3	0.281 52	62	62		
30	C00217	棉纱头		kg	0.066 62	8.1	8.1		
31	C00244	碎石	15	m^3	0.784	65	65		
32	C00460	乙酸乙酯		kg	1.764 6	10.8	10.8		
33	C00465	CSPE 嵌缝油膏	330 mL	支	11.175 8	1.9	1.9		
34	C00478	107 胶		kg	1.882 92	1.8	1.8		
35	C00485	聚氨酯		kg	6.297 2	22	22		
36	C00486	聚氨酯防水涂料		kg	10.103 2	12	12		
37	C00487	SBS 改性沥青油毡防水卷材	3 mm	m^2	44.045 8	25	25		
38	C00551	支撑方木		m^3	0.016 4	1 220	1 220		
39	C00758	白水泥		kg	0.113	0.7	0.7		

（2）主要材料价格表（见表 3—27）

表 3—27 主要材料价格表

工程名称：小游园园林工程 第 页 共 页

序号	编码	材料名称	规格、型号等特殊要求	单位	数量	预算价	市场价	价差	价差合计
1	C00058	水泥	32.5	kg	5 250.689 7	0.42	0.42		
2	E020056	花岗岩块道牙		m	137.865	97.5	20	−77.5	−10 684.54
3	E030003	木模板		m^3	2.101 25	1 830	1 830		
4	E030259	防腐木地板		m^2	36.865 5	220	220		
5	E030260	防腐木		m^3	4.687 41	3 500	3 500		
6	E040006	油毡瓦		m^2	98.724	71.2	71.2		
7	E040025	沙子		m^3	37.811 3	60	60		
8	E040079	混凝土砌块砖	200×100×60	块	1 208.7	2.13	2.13		
9	E060069	花岗岩板	30 mm	m^2	77.164	150	150		
10	E060210@1	汀布石花岗岩	600×300×50	m^2	6.312 5	240	240		
11	E110263	仿石涂料		kg	245.48	8.5	8.5		
12	E110850	耐候木油		kg	74.553 75	85	85		
13	E400006	商品混凝土	C15	m^3	19.833 81	375	375		
14	E400007	商品混凝土	C20	m^3	4.694 5	385	385		
15	E840004	其他材料费		元	2 110.104 62	1	1		
16	E551006@1	轻质种植基质		m^3	182.52	25	25		
17	补充主材 001	国槐	胸径 D=10 cm	株	7	450	450		
18	补充主材 001@1	丛生九角枫	3~4 分枝，单枝粗 4~5 cm，土球直径 120 cm	株	2	1 500	1 500		
19	补充主材 002	王族海棠	胸径 D=8 cm，土球直径 60 cm	株	16	240	240		
20	补充主材 002@1	银杏	胸径 D=12 cm，土球直径 100 cm	株	9	550	550		

（3）主材表（见表 3—28）

表 3—28　　主材表

工程名称：小游园园林工程　　第 1 页　共 1 页

序号	编码	材料名称	规格、型号等特殊要求	单位	数量	预算价	市场价	价差	价差合计
1	E551006@1	轻质种植基质		m^3	182.52	25	25		
2	补充主材 001	国槐	胸径 D=10 cm	株	7	450	450		
3	补充主材 001@1	丛生九角枫	3～4 分枝，单枝粗 4～5 cm，土球直径 120 cm	株	2	1 500	1 500		
4	补充主材 002	王族海棠	胸径 D=8 cm，土球直径 60 cm	株	16	240	240		
5	补充主材 002@1	银杏	胸径 D=12 cm，土球直径 100 cm	株	9	550	550		
6	补充主材 003	小桃红	冠幅 W=1 m	株	9	50	50		
7	补充主材 004	小叶黄杨模纹	H=30 cm	m^2	9	98	98		
8	补充主材 004@1	金叶榆球	W=80 cm，土球直径 40 cm	株	12	80	80		
9	补充主材 005	紫叶小檗绿篱	H=80 cm	m	8	36	36		
10	补充主材 006	一串红	H=20 cm	m^2	0.5	50	50		
11	补充主材 007	草坪卷		m^2	34.2	7	7		
价差合计（元）									

（4）分部分项工程和单价措施项目清单综合单价分析表（见表3—29）

表3—29　分部分项工程和单价措施项目清单综合单价分析表

工程名称：小游园园林工程　　　　第　页　共　页

序号	编码	清单/定额名称	单位	数量	综合单价（元）	其中												合价（元）
						人工费	材料费	主材费	设备费	机械费	机械费调增	管理费	利润	措施费	规费	优质优价增加费	税金	
1	050101010001	整理绿化用地	m^2	585	4.84	3.78						0.46	0.6					2 831.4
	E1—0024	整理绿化用地	m^2	585	4.84	3.78						0.46	0.6					2 831.4
2	050101009001	种植土回（换）填	m^3	175.5	34.84	7.56	1.17	23.37				1.53	1.21					6 114.42
	E1—0089	回填轻质种基质	m^3	175.5	34.84	7.56	1.17	23.37				1.53	1.21					6 114.42
3	050102001001	栽植丛生九角枫	株	2	1 724.54	148.24	120.16	1 348.35		54.06		30.02	23.72					3 449.08
	E1—0154	普坚土种植　土球苗土　球径120 cm×深90 cm	株	2	1 653.78	102.27	113.99	1 348.35		52.1		20.71	16.36					3 307.56
	E1—0351×2	后期养护　乔木及果树　子目×2	10株	0.2	707.61	459.7	61.67			19.6		93.09	73.55					141.52
4	050102001002	栽植银杏	株	9	752.97	121.78	56.42	494.4		36.23		24.66	19.49					6 776.73

续表

序号	编码	清单 / 定额名称	单位	数量	综合单价（元）	其中												合价（元）
						人工费	材料费	主材费	设备费	机械费	机械费调增	管理费	利润	措施费	规费	优质优价增加费	税金	
	E1—0153	普坚土种植　土球苗土　球径 100 cm × 深 80 cm	株	9	682.21	75.81	50.25	494.4		34.27		15.35	12.13					6 139.89
	E1—0351 × 2	后期养护　乔木及果树　子目 × 2	10 株	0.9	707.61	459.7	61.67			19.6		93.09	73.55					636.85
5	050102001003	栽植国槐	株	7	564.85	84.82	42.81	404.51		1.96		17.18	13.58					3 953.95
	E1—0130	普坚土种植　裸根乔木　胸径 10 cm 以内	株	7	494.09	38.85	36.64	404.51				7.87	6.22					3 458.63
	E1—0351 × 2	后期养护　乔木及果树	10 株	0.7	707.61	459.7	61.67			19.6		93.09	73.55					495.33

11. 校核、装订成册

预算结束后要经过专业人员的详细核对，确认无误后装订成册（表格种类和先后顺序按招标文件要求确定）。工程量清单报价表格装订顺序要根据招标文件具体要求确定，装订顺序如下：

1. 投标总价封面；
2. 投标总价扉页；
3. 总说明；
4. 单位工程投标报价汇总表；
5. 分部分项工程和单价措施项目清单与计价表；
6. 综合单价分析表；
7. 分部分项工程和单价措施项目清单综合单价分析表；
8. 总价措施项目清单与计价表；
9. 其他项目清单与计价汇总表；
10. 暂列金金额表；
11. 材料（工程设备）暂估价及调整表；
12. 专业工程暂估价及结算价表；
13. 计日工表。

思考与练习

1. 园林工程工程量清单综合单价计算方法是什么？
2. 编制园林工程工程量清单计价的步骤有哪些？
3. 工程量清单报价表格装订顺序是什么？

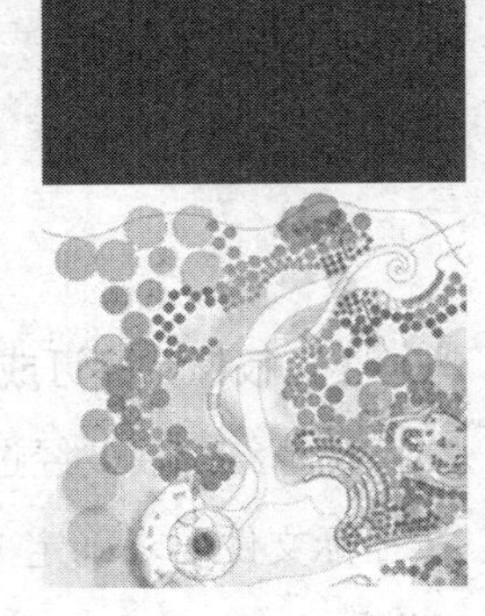

模块四

园林工程竣工结算编制

课题

园林工程竣工结算编制

任务目标

◇能熟练编制园林工程竣工结算

◇能熟练审核园林工程竣工结算

任务提出

如图 2—2 所示小游园园林工程竣工验收完成，要求根据变更后情况进行园林工程竣工结算书的编制。

表 4—1　　工程量变更表

工程名称：小游园园林工程　　标段：　　第　页　共　页

序号	项目编码	项目名称	项目特征描述	计量单位	清单工程量	实际工程量	金额（元）		
							综合单价	合价	其中：暂估价
		一、绿化工程							
1	050101010001	整理绿化用地		m^2	1 000				
2	050102001002	栽植银杏	1. 规格：胸径 12 cm，土球直径 100 cm 2. 备注：树冠丰满，姿态优美，生长势好 3. 装饰：树皮覆盖物 4. 说明：此次综合单价不包含树皮覆盖物，为我方提供的优惠施工条件 5. 养护期：两年	株	8	10			

续表

序号	项目编码	项目名称	项目特征描述	计量单位	清单工程量	实际工程量	金额（元）		
							综合单价	合价	其中
									暂估价
3	050102001003	栽植国槐（原设计白蜡）	1. 规格：胸径 D=10 cm 2. 备注：树冠丰满，姿态优美，生长势好 3. 装饰：树皮覆盖物 4. 说明：此次综合单价不包含树皮覆盖物，为我方提供的优惠施工条件 5. 养护期：两年	株	15	15			
4	050102002001	栽植小桃红	1. 规格：冠幅 W=1 m 2. 备注：蓬形开展，姿态优美，三年以上成苗 3. 养护期：两年	株	10	10			
5	050102007001	栽植小叶黄杨模纹	1. 规格：高度 H=30 cm 2. 备注：栽植后不漏土，表面平整优美，三年以上成苗 3. 密度：49 株 /m^2 4. 养护期：两年	m^2	80	100			
6	050102005001	栽植紫叶小檗绿篱	1. 规格：高度 H=80 cm 2. 备注：栽植后不漏土，表面平整优美，三年以上成苗 3. 密度：10 株 /m^2 4. 养护期：两年	m	200	200			
7	050102008001	栽植一串红	1. 规格：高度 H=20 cm 2. 备注：栽植后不漏土，表面平整优美 3. 密度：50 株 /m^2 4. 养护期：两年	m^2	5	5			
8	050102012001	铺植草皮	1. 铺植草皮卷 2. 养护期：两年	m^2	1 000	1 000			
		分部小计							

续表

序号	项目编码	项目名称	项目特征描述	计量单位	清单工程量	实际工程量	金额（元）		
							综合单价	合价	其中 暂估价
		二、园路工程							
9	050201001001	透水砖路面	1. 材质：透水砖 200×100×60 2. 做法：200×100×60 透水砖，50 厚 1∶3 干硬性水泥砂浆，150 厚 C15 混凝土垫层，200 厚粗沙垫层，素土夯实（密实度≥93%），花岗岩边石 500×100×100	m^2	50	50			
10	050201001002	火烧板路面	1. 材质：火烧板 300×600×30 2. 做法：300×600×30 火烧板，50 厚 1∶3 干硬性水泥砂浆，150 厚 C15 混凝土垫层，200 厚粗沙垫层，素土夯实（密实度≥93%），花岗岩边石 500×100×100	m^2	100	100			
本页小计									
合计									

任务分析

园林工程建设一般要经过设计、预算、招投标、施工、工程竣工验收及结算等过程。从本工程的实际变更情况来看，只是园路的工程量发生变换，规格、做法没有变更，所以综合单价执行原合同价；绿化工程的树种发生变更，原设计的白蜡改成了国槐，树种、规格都发生变更，银杏增加 2 株，小叶黄杨增加 20 m^2，所以要重新组价。

相关知识

一、工程竣工结算的含义及规定

工程竣工结算是指施工企业按照合同规定的内容全部完成所承包的工程，经验收质量

合格，并符合合同要求之后，对照原设计施工图，根据增减变化内容，编制调整预算，作为向发包单位进行的最终工程价款结算。工程竣工结算后，说明承、发包双方的合同经济关系已经结束。

《建设工程施工合同文本》中对竣工结算作了如下规定：

1. 工程竣工验收报告经甲方认可后 28 天内，乙方向甲方递交竣工结算报告以及完整的结算资料，甲乙双方按照协议书约定的合同价款及专用条款约定的合同价款调整内容，进行工程竣工结算。

2. 甲方收到乙方递交的竣工结算报告及结算资料后 28 天内进行核实，给予确认或者提出修改意见。甲方确认竣工结算报告后通知经办银行向乙方支付工程竣工结算价款。乙方收到竣工结算价款后 14 天内将竣工工程交付甲方。

3. 甲方收到竣工结算报告及结算资料后 28 天内无正当理由不支付工程竣工结算价款，从第 29 天起按乙方同期向银行贷款利率支付拖欠工程价款的利息，并承担违约责任。

4. 甲方收到竣工结算报告及结算资料后 28 天内不支付工程竣工结算价款，乙方可以催告甲方支付结算价款。甲方在收到竣工结算报告及结算资料后 56 天内仍不支付的，乙方可以与甲方协议将该工程折价，也可以由乙方申请人民法院将该工程依法拍卖，乙方就该工程折价或者拍卖的价款优先受赏。

5. 工程竣工验收报告经甲方认可后 28 天内，乙方未能向甲方递交竣工结算报告及完整的结算资料，造成工程竣工结算不能正常进行或工程竣工结算价款不能及时支付，甲方要求交付工程的，乙方应当交付；甲方不要求交付工程的，乙方承担保管责任。

6. 甲乙双方对工程竣工结算价款发生争议时，按争议的约定处理。

实际工作中，当年开工、当年竣工的工程，只需要办理一次性结算。跨年度的工程，在年终办理一次年终结算，将未完工程结转到下一年度，此时竣工结算等于各年度结算的总和。

办理工程价款竣工结算的一般公式为：

竣工结算工程价款总额 = 合同价款 + 施工过程中合同价款调整数额 − 保修金

竣工结算最终付款 = 竣工结算工程价款总额 − 预付及已结算工程价款 − 保修金

二、工程竣工结算的编制原则

1. 要编制竣工结算的工程项目必须具备竣工结算的条件，即工程已通过竣工验收并提出了竣工验收报告单。

2. 对要办理竣工结算的工程项目进行全面的清查（包括数量和质量等），且这些内容都必须符合设计及验收规范要求，符合建筑安装工程质量检验评定标准的规定。

3. 承包单位应以对国家负责的态度，实事求是的精神，正确地确定工程最终造价，反对巧立名目、高估乱要的不正之风。

4. 要严格按照《地区预算定额》、地区估价表、间接费定额、材料预算价格、调价文件及工程合同（或协议书）等的要求编制竣工结算书。

5. 工程竣工结算书应按地区或部门规定的程序和方法进行编制，不得各行其是。

6. 施工图预算书等结算资料必须齐全，并严格按竣工结算编制程序进行编制。

三、工程竣工结算的作用

1. 竣工结算是确定工程最终造价，是完结业主和承包商的合同关系和经济责任的依据。

2. 竣工结算是为承包商确定工程最终收入，是承包商经济核算和考核工程成本的依据。

3. 竣工结算反映建筑安装工程工作量和实物量的实际完成情况，是业主编报项目竣工决算的依据。

4. 竣工结算反映建筑安装工程实际造价，是编制概算定额、概算指标的基础资料。

四、编制竣工结算的编制依据

1. 施工合同。

2. 中标书的报价单。

3. 施工图及设计变更通知单、施工变更记录、现场签证。

4. 工程预算定额、取费定额及调价规定。

5. 有关施工技术资料。

6. 工程竣工验收报告。

7. 工程质量保修书。

8. 其他有关资料。

工程竣工结算由承包人编制，发包人审查或委托工程造价咨询单位审核，承包人和发包人最终确定。编制工程竣工结算，除应具备设计施工图和竣工图、工程预算定额、取费标准、调价规定等依据外，还应包括工程变更、修改、现场签证和对办理竣工结算有关的其他资料。

承包人尤其是项目经理在编制工程竣工结算时，应注意收集、整理有关结算资料。

（1）建设工程施工合同价款　施工合同中约定了有关竣工结算价款的，应按约定的内容执行。承、发包双方可约定完整的结算资料的具体内容，还可涉及竣工结算的其他

内容。例如：合同价采用固定价的，合同总价或单价在合同约定的风险范围内不可调整；合同价采用可调价方式的，合同总价或单价在合同实施期内，根据合同约定的办法进行调整。

（2）中标投标书的报价单　无论是公开招标或邀请招标，招标人与中标人应当根据中标价订立合同。中标投标书的报价单是订立合同及竣工结算的重要依据。在招标投标中，因采用的计价方式不同，编制投标报价单的方法和内容会有一定的区别。在原中标价的基础上，根据施工的设计变更等增减变化，经过调整之后，编制竣工结算。报价单的内容一般包括：

1）报价汇总表。

2）工程量清单报价汇总取费表。

3）工程量清单报价表。

4）材料清单及材料价差表或价差报价表。

5）设备清单及报价表。

6）现场因素、施工技术措施及赶工措施费用报价表。

（3）工程变更及现场签证　工程变更及现场签证包括以下几种情况：

1）施工中发生的设计变更，由原设计单位提供变更的施工图和设计变更通知单，承包人已按签发的变更通知单执行。

2）因施工条件、施工工艺、材料规格、品种数量不能完全满足设计要求以及合理化建议等原因，发生的施工变更，已执行的技术核定单。

3）在合同履约中，发包人要求承包人改变工程内容和标准，导致施工中用工数和工程量增加，改变了工程施工程序和施工时间，承包人在施工中办理的现场签证。

（4）其他与竣工结算有关的资料　承包人在施工中应建立完整的竣工结算资料保证制度，项目经理在施工中还要注意收集其他相关的结算资料，具体包括：

1）发包人的指令文件。

2）商品混凝土供应记录。

3）材料代用资料。

4）材料价格变动文件。

5）隐蔽工程记录及施工日志。

6）竣工图和竣工验收报告等。

五、工程竣工结算的编制内容

1. 工程量增减调整

工程量增减调整是编制工程竣工结算的主要部分。所谓量差，就是所完成的实际工程量与施工图预算工程量之间的差额。量差主要表现为：

（1）设计变更和漏项　因实际图纸修改和漏项等而产生的工程量增减，该部分可依据设计变更通知书进行调整。

（2）现场工程更改　实际工程中施工方法出现不符、基础超深等均可根据双方签证的现场记录，按照合同或协议的规定进行调整。

（3）施工图预算错误　在编制竣工结算前，应结合工程的验收和实际完成工程量情况，对施工图预算中存在的错误予以纠正。

2. 价差调整

工程竣工结算可按照地方预算定额或基价表的单价编制，因当地造价部门文件调整发生的人工、计价材料和机械费用的价差均可以在竣工结算时加以调整。未计价材料则可根据合同或协议的规定，按实际调整价差。

3. 费用调整

属于工程数量的增减变化，需要相应调整安装工程费的计算；属于价差的因素，通常不调整安装工程费，但要计入计费程序中，即该费用应反映在总造价中；属于其他费用，如停工费用、大型机械进出场费用等，应根据各地区定额和文件规定一次结清，分摊到各工程项目中。

六、工程竣工结算的编制方式

1. 对工程实施过程中发生变化不大的工程，以原有施工图合同造价为基础，根据合同规定的计价方法，对照原有资料，作相应增减账，进行适当调整，最终作为竣工结算造价。这种方法在园林工程中运用较为普遍。

2. 对工程实施过程中，发生变化较大的工程，根据设计变更资料，必须重新绘制竣工图，在双方认可的竣工图基础上，依据有关资料，重新计算工程项目，编制工程竣工造价结算书。这种方法正确程度较高，但需要投入大量的时间、精力，往往影响工程款项的及时回收。在园林工程中这种情况发生较少，因此这种方法也较少采用。

七、工程竣工结算的审查

工程竣工结算审查是竣工结算阶段的一项重要工作。审查工作通常由业主、监理公司

或审计部门把关进行。审核内容通常有以下几方面：

1. 核对合同条款。主要针对工程竣工是否验收合格，竣工内容是否符合合同要求，结算方式是否按合同规定进行，套用定额、计费标准、主要材料价差等是否按约定实施。

2. 审查隐蔽资料和有关签证等是否符合规定要求。

3. 审查设计变更通知是否符合手续程序，是否加盖公章。

4. 根据施工图核实工程量。

5. 审核各项费用计算是否准确，主要对费率、计算基础、价差调整、系数计算、计费程序等方面进行审核。

八、园林工程竣工结算的相关表格

结算资料作为施工单位编制竣工结算报告的依据，同时也是建设单位审核批准或委托的中介审价单位进行审价的依据，因此，施工单位送交完整的结算资料非常重要。根据建设工程的实际情况，结算资料大体包括（但不限于）以下几项内容：

1. 施工合同及其他合同文件。

2. 招标文件、投标书及报价单、中标通知书。

3. 施工图及设计变更通知单、施工变更记录、工程签证。

4. 工程预算定额、取费定额及调价规定。

5. 甲方供材清单、主材确认单价。

6. 竣工图。

7. 工程结算书。

8. 有关施工技术资料。

9. 工程竣工验收报告。

10. 工程质量保修书。

11. 其他相关资料。

施工单位在送交结算资料时应当在结算报告上分别写明送审资料的编号、名称、页数及送审结算总额，并写明“送审资料齐全”，并要求建设单位的资格审查人员签收或加盖建设单位公章。

任务实施

园林工程竣工结算的基本方法和预算相同，主要是要根据竣工图和签证单（实际工程量）计算出该工程的增减量及综合单价的增减，从而计算出工程竣工总造价（即结算价）。

一、收集资料

收集整理招标文件、投标文件、施工合同、设计变更单、竣工图纸、签证单、图片影像等相关资料。

二、编制竣工结算

1. 填写封面（见表 4—2）

表 4—2　　封面

<table>
<tr><td>
小游园园林工程　　　工程
竣工结算总价
编制人：
（单位盖章）
年　月　日
</td></tr>
</table>

2. 填写目录（见表 4—3）

表 4—3　　目录

<table>
<tr><td>
目录
1. 封面
2. 目录
3. 竣工结算总价扉页
4. 总说明
5. 单位工程竣工结算汇总表
6. 分部分项工程和单价措施项目清单与计价表
7. 综合单价分析表
8. 分部分项工程和单价措施项目清单综合单价分析表
9. 总价措施项目清单与计价表
10. 其他项目清单与计价汇总表
11. 计日工表
12. 总承包服务费计价表
13. 规费、税金项目计价表
14. 主要材料表
</td></tr>
</table>

3. 竣工结算总价扉页（见表 4—4）

表 4—4　　竣工结算总价扉页

竣工结算总价

建设单位：

工程名称：　小游园园林工程

结算总价（小写）：142855

（大写）：壹拾肆万贰仟捌佰伍拾伍元整

施工单位：

（单位盖章）

法定代表人
或其授权人：

（签字或盖章）

编制人：

（造价人员签字盖专用章）

编制时间：　　年　月　日

4. 总说明（见表 4—5）

表 4—5　　总说明

工程名称：小游园园林工程　　第 1 页　共 1 页

1. 工程概况：绿地面积：1 000 m^2
2. 工程质量：合同约定为优良标准。
3. 施工期限：合同约定日历天数 50 天。
4. 结算编制依据：投标报价、投标承诺、施工合同。

（1）合同价款为__________________。

（2）合同条款明确约定本造价包含材料涨价等因素，所以增加的部分工程量执行投标报价中的综合单价计算，然后再按投标承诺让利计算。

（3）工程量减少部分同样按增加的计价方式计算，在总价中减少。

（4）投标报价缺项的甲、乙双方协商确定。

5. 单位工程竣工结算汇总表（见表 4—6）

表 4—6　　单位工程竣工结算汇总表

工程名称：小游园园林工程　　标段：　　第 1 页　共 1 页

序号	汇总内容	金额（元）	其中：暂估价（元）
1	分部分项工程	121 803.05	

续表

序号	汇总内容	金额（元）	其中：暂估价（元）
1.1	一、绿化工程	71 713.55	
1.2	二、园路工程	50 089.5	
2	措施项目	2 162.34	
2.1	其中：安全文明施工费	1 730.55	
3	其他项目		—
3.1	其中：暂列金金额		—
3.2	其中：专业工程暂估价		—
3.3	其中：计日工		
3.4	其中：总承包服务费		
4	规费	4 733.12	—
5	优质优价增加费		
6	税金	14 156.84	—
	投标报价合计 =1+2+3+4+5+6	142 855.35	0

注：本表适用于单位工程招标控制价或投标报价的汇总，如无单位工程划分，单项工程也使用本表汇总。

6. 分部分项工程和单价措施项目清单与计价表（见表 4—7）

表 4—7　　　　分部分项工程和单价措施项目清单与计价表

工程名称：小游园园林工程　　　　标段：　　　　第　页　共　页

序号	项目编码	项目名称	项目特征描述	计量单位	工程量	金额（元）		
						综合单价	合价	其中 暂估价
		一、绿化工程						
1	050101010001	整理绿化用地		m^2	1 000	5.38	5 380	
2	050102001002	栽植银杏	1. 规格：胸径 12 cm，土球直径 100 cm 2. 备注：树冠丰满，姿态优美，生长势好 3. 装饰：树皮覆盖物 4. 说明：此次综合单价不包含树皮覆盖物，为我方提供的优惠施工条件 5. 养护期：两年	株	10	770.37	7 703.7	

续表

序号	项目编码	项目名称	项目特征描述	计量单位	工程量	金额（元）		
						综合单价	合价	其中
								暂估价
3	050102001003	栽植国槐	1. 规格：胸径 D=10 cm 2. 备注：树冠丰满，姿态优美，生长势好 3. 装饰：树皮覆盖物 4. 说明：此次综合单价不包含树皮覆盖物，为我方提供的优惠施工条件 5. 养护期：两年	株	15	576.97	8 654.55	
4	050102002001	栽植小桃红	1. 规格：冠幅 W=1 m 2. 备注：蓬形开展，姿态优美，三年以上成苗 3. 养护期：两年	株	10	113.71	1 137.1	
5	050102007001	栽植小叶黄杨模纹	1. 规格：高度 H=30 cm 2. 备注：栽植后不漏土，表面平整优美，三年以上成苗 3. 密度：49 株 /m^2 4. 养护期：两年	m^2	100	138.55	13 855	
6	050102005001	栽植紫叶小檗绿篱	1. 规格：高度 H=80 cm 2. 备注：栽植后不漏土，表面平整优美，三年以上成苗 3. 密度：10 株 /m^2 4. 养护期：两年	m	200	78.78	15 756	
7	050102008001	栽植一串红	1. 规格：高度 H=20 cm 2. 备注：栽植后不漏土，表面平整优美 3. 密度：50 株 /m^2 4. 养护期：两年	m^2	5	21.44	107.2	
8	050102012001	铺植草皮	1. 铺植草皮卷 2. 养护期：两年	m^2	1 000	19.12	19 120	
		分部小计					71 713.55	
		二、园路工程						

续表

序号	项目编码	项目名称	项目特征描述	计量单位	工程量	金额（元）		
						综合单价	合价	其中
								暂估价
9	050201001001	透水砖路面	1. 材质：透水砖 200×100×60 2. 做法：200×100×60 透水砖，50 厚 1∶3 干硬性水泥砂浆，150 厚 C15 混凝土垫层，200 厚粗沙垫层，素土夯实（密实度≥93%），花岗岩边石 500×100×100	m^2	50	288.17	14 408.5	
10	050201001002	火烧板路面	1. 材质：火烧板 300×600×30 2. 做法：300×600×30 火烧板，50 厚 1∶3 干硬性水泥砂浆，150 厚 C15 混凝土垫层，200 厚粗沙垫层，素土夯实（密实度≥93%），花岗岩边石 500×100×100	m^2	100	356.81	35 681	
		分部小计					50 089.5	
		单价措施						
		分部小计						
本页小计							35 681	
合计							121 803.05	

注：为计取规费等的使用，可在表中增设“定额人工费”。

7. 综合单价分析表（样表 2 页，其他表格略）（见表 4—8）

表 4—8

综合单价分析表

工程名称：小游园园林工程　　　　标段：　　　　第　页　共　页

<table>
<tr><td colspan="2">项目编码</td><td colspan="2">050101010001</td><td colspan="2">项目名称</td><td colspan="2">整理绿化用地</td><td>计量单位</td><td>m^2</td><td>工程量</td><td>1 000</td></tr>
<tr><td colspan="12">清单综合单价组成明细</td></tr>
<tr><td rowspan="2">定额编号</td><td rowspan="2">定额项目名称</td><td rowspan="2">定额单位</td><td rowspan="2">数量</td><td colspan="4">单价</td><td colspan="4">合价</td></tr>
<tr><td>人工费</td><td>材料费</td><td>机械费</td><td>管理费和利润</td><td>人工费</td><td>材料费</td><td>机械费</td><td>管理费和利润</td></tr>
<tr><td>E1—0024</td><td>整理绿化用地</td><td>m^2</td><td>1</td><td>4.32</td><td>0</td><td>0</td><td>1.06</td><td>4.32</td><td>0</td><td>0</td><td>1.06</td></tr>
<tr><td colspan="2">人工单价</td><td colspan="6">小计</td><td>4.32</td><td>0</td><td>0</td><td>1.06</td></tr>
<tr><td colspan="2">综合工日：120 元 / 工日</td><td colspan="6">未计价材料费</td><td colspan="4">0</td></tr>
<tr><td colspan="8">清单项目综合单价</td><td colspan="4">5.38</td></tr>
<tr><td rowspan="2">材料费明细</td><td colspan="5">主要材料名称、规格、型号</td><td>单位</td><td>数量</td><td>单价（元）</td><td>合价（元）</td><td>暂估单价（元）</td><td>暂估合价（元）</td></tr>
<tr><td colspan="5"></td><td></td><td></td><td></td><td></td><td></td><td></td></tr>
</table>

注：1. 如不使用省级或行业建设主管部门发布的计价依据，可不填定额编码、名称等。

2. 招标文件提供了暂估单价的材料，按暂估的单价填入表内“暂估单价”栏及“暂估合价”栏。

综合单价分析表

工程名称：小游园园林工程　　　　标段：　　　　第 页 共 页

项目编码		050102001002		项目名称		栽植银杏		计量单位	株	工程量	10
清单综合单价组成明细											
定额编号	定额项目名称	定额单位	数量	单价				合价			
				人工费	材料费	机械费	管理费和利润	人工费	材料费	机械费	管理费和利润
E1—0153	普坚土种植 土球苗土 球径 100 cm × 深 80 cm	株	1	86.64	544.65	34.27	27.48	86.64	544.65	34.27	27.48
E1—0351 × 2	后期养护 乔木及果树子目 × 2	10 株	0.1	525.37	61.67	19.6	166.64	52.54	6.17	1.96	16.66
人工单价		小计						139.18	550.82	36.23	44.14
综合工日：120 元 / 工日		未计价材料费						550			
清单项目综合单价								770.37			
材料费明细	主要材料名称、规格、型号					单位	数量	单价（元）	合价（元）	暂估单价（元）	暂估合价（元）
	其他材料费					元	0.63	1	0.63		
	水					t	1.755	9	15.8		
	农药综合					kg	0.019	50	0.95		
	肥料综合					kg	0.007 8	12	0.09		

注：1. 如不使用省级或行业建设主管部门发布的计价依据，可不填定额编码、名称等。

2. 招标文件提供了暂估单价的材料，按暂估的单价填入表内“暂估单价”栏及“暂估合价”栏。

8. 分部分项工程和单价措施项目清单综合单价分析表（见表 4—9）

表 4—9　　分部分项工程和单价措施项目清单综合单价分析表

工程名称：小游园园林工程　　第　页　共　页

序号	编码	清单 / 定额名称	单位	数量	综合单价（元）	其中					合价（元）
						人工费	材料费	机械费	管理费	利润	
1	050101010001	整理绿化用地	m^2	1 000	5.38	4.32			0.46	0.6	5 380
	E1—0024	整理绿化用地	m^2	1 000	5.38	4.32			0.46	0.6	5 380
2	050102001002	栽植银杏	株	10	770.37	139.18	550.82	36.23	24.66	19.49	7 703.7
	E1—0153	普坚土种植 土球苗土 球径 100 cm × 深 80 cm	株	10	693.04	86.64	544.65	34.27	15.35	12.13	6 930.4
	E1—0351 × 2	后期养护 乔木及果树 子目 × 2	10 株	1	773.28	525.37	61.67	19.6	93.09	73.55	773.28
3	050102001003	栽植国槐	株	15	576.97	96.94	447.32	1.96	17.18	13.58	8 654.55
	E1—0130	普坚土种植 裸根乔木 胸径 10 cm 以内	株	15	499.64	44.4	441.15		7.87	6.22	7 494.6
	E1—0351 × 2	后期养护 乔木及果树 子目 × 2	10 株	1.5	773.28	525.37	61.67	19.6	93.09	73.55	1 159.92
4	050102002001	栽植小桃红	株	10	113.71	45.48	52.41	1.4	8.06	6.37	1 137.1
	E1—0135	普坚土种植 裸根灌木 高度 1.5 m 以内	株	10	61.41	8.64	50.03		1.53	1.21	614.1
	E1—0352 × 2	后期养护 灌木子目 × 2	10 株	1	523.04	368.41	23.77	14	65.28	51.58	523.04
5	050102007001	栽植小叶黄杨模纹	m^2	100	138.55	31.09	96.48	1.12	5.51	4.35	13 855
	E1—0145	普坚土种植 色带 高度 0.8 m 以内	m^2	100	113.52	13.81	95.33		2.45	1.93	11 352
	E1—0360 × 2	后期养护 色带 子目 × 2	10 m^2	10	250.32	172.8	11.51	11.2	30.62	24.19	2 503.2
6	050102005001	栽植紫叶小檗绿篱	m	200	78.78	28.01	40.49	1.4	4.96	3.92	15 756

续表

序号	编码	清单 / 定额名称	单位	数量	综合单价（元）	其中					合价（元）
						人工费	材料费	机械费	管理费	利润	
	E1—0142	普坚土种植 绿篱 双行间距 0.4 m 高度 1.2 m 以内	m	200	54.69	12.72	37.94		2.25	1.78	10 938
	E1—0353×2	后期养护 绿篱子目×2	10 m	20	240.86	152.89	25.48	14	27.09	21.4	4 817.2
7	050102008001	栽植一串红	m^2	5	21.44	9.19	8.22	1.12	1.63	1.29	107.2
	E1—0208	花卉 一、二年生草花	10 m^2	0.5	103.36	34.32	58.16		6.08	4.8	51.68
	E1—0356×2	后期养护 花卉子目 ×2	10 m^2	0.5	111.08	57.6	24.01	11.2	10.21	8.06	55.54
8	050102012001	铺种草皮	m^2	1 000	19.12	10.27	3.71	1.89	1.82	1.44	19 120
	E1—0205	铺草卷	10 m^2	100	39.92	16.32	18.43		2.89	2.28	3 992
	E1—0354×2	后期养护 冷草子目 ×2	10 m^2	100	151.31	86.4	18.65	18.85	15.31	12.1	15 131
9	050201001001	透水砖路面	m^2	50	288.17	65.66	202.68	3.9	6.74	9.18	14 408.5
	E1—0537 换	铺混凝土砌块砖浆垫	m^2	50	144.95	24.96	112.78	1.26	2.46	3.49	7 247.5
	E1—0007	人工挖路槽	m^3	23	43.39	34.8			3.72	4.87	997.97
	E1—0657	200 厚粗沙垫层	m^3	10	84.28	19.2	59.26	1.21	1.92	2.69	842.8
	E1—0661	150 厚 C15 混凝土垫层	m^3	7.5	409	30.24	363.4	7.56	3.57	4.23	3 067.5
	E1—0571	花岗岩边石 500×100×100	m	50	45.05	16.32	23.54	1.26	1.65	2.28	2 252.5
10	050201001002	火烧板路面	m^2	100	356.81	82.86	248.62	5.27	8.47	11.6	35 681
	E1—0559 换	花岗岩地面厚 30 mm	m^2	100	214.9	43.2	158.72	2.63	4.3	6.05	21 490
	E1—0007	人工挖路槽	m^3	43	43.39	34.8			3.72	4.87	1 865.77
	E1—0657	200 厚粗沙垫层	m^3	20	84.28	19.2	59.26	1.21	1.92	2.69	1 685.6
	E1—0661	150 厚 C15 混凝土垫层	m^3	15	409	30.24	363.4	7.56	3.57	4.23	6 135
	E1—0571	花岗岩边石 500×100×100	m	100	45.05	16.32	23.54	1.26	1.65	2.28	4 505

9. 总价措施项目清单与计价表（见表 4—10）

表 4—10　　总价措施项目清单与计价表

工程名称：小游园园林工程　　标段：　　第　页　共　页

序号	项目编码	项目名称	计算基础	费率（%）	金额（元）	调整费率（%）	调整后金额（元）	备注
1	050405001001	安全文明施工（含环境保护、文明施工、安全施工、临时设施）	（人工费＋机具费）× 费率	5.97	1 730.55			
2	050405002001	夜间施工	按规定计取					
3	050405003001	非夜间施工照明	按规定计取					
4	050405004001	二次搬运	人工费 × 费率	0.3	100.32			
5	050405005001	雨季施工	人工费 × 费率	0.38	127.08			
6	050405005002	冬季施工	按规定计取	150				
7	050405006001	反季节栽植影响措施	按规定计取					
8	050405007001	地上、地下设施、建筑物的临时保护设施	按规定计取					
9	050405008001	已完工程及设备保护	按规定计取					
10	05B001	工程定位复测费	（人工费＋机具费）× 费率	0.71	204.39			
合计					2 162.34			

编制人（造价人员）：　　复核人（造价工程师）：

注：1.“计算基础”中安全文明施工费可为“定额基价”“定额人工费”或“定额人工费＋定额机械费”，其他项目可为“定额人工费”或“定额人工费＋定额机械费”。

2. 按施工方案计算的措施费，若无“计算基础”和“费率”的数值，也可只填“金额”数值，但应在备注栏说明施工方案出处或计算方法。

10. 其他项目清单与计价汇总表（见表 4—11）

表 4—11　　其他项目清单与计价汇总表

工程名称：小游园园林工程　　标段：　　第　页　共　页

序号	项目名称	金额（元）	结算金额（元）	备注
1	暂列金			
2	暂估价			
2.1	材料暂估价	—		
2.2	专业工程暂估价			
3	计日工			
4	总承包服务费			

续表

序号	项目名称	金额（元）	结算金额（元）	备注
5	索赔与现场签证			
合计				—

注：材料（工程设备）暂估单价进入清单项目综合单价，此处不汇总。

11. 计日工表（见表 4—12）

表 4—12　　计日工表

工程名称：小游园园林工程　　标段：　　第　页 共　页

编号	项目名称	单位	暂定数量	实际数量	综合单价（元）	合价	
						暂定	实际
1	人工						
人工小计							
2	材料						
材料小计							
3	机械						
机械小计							
4. 企业管理费和利润							
总计							

注：此表项目名称、暂定数量由招标人填写，编制招标控制价时，单价由招标人按有关计价规定确定；投标时，单价由投标人自主报价，按暂定数量计算合价计入投标总价中。结算时，按发承包双方确认的实际数量计算合价。

12. 总承包服务费计价表（见表 4—13）

表 4—13　　总承包服务费计价表

工程名称：小游园园林工程　　标段：　　第　页 共　页

序号	项目名称	项目价值（元）	服务内容	计算基础	费率（%）	金额（元）
合计						

注：此表项目名称、服务内容由招标人填写，编制招标控制价时，费率及金额由招标人按有关计价规定确定；投标时，费率及金额由投标人自主报价，计入投标总价中。

13. 规费、税金项目计价表（见表 4—14）

表 4—14　　　　　　　　**规费、税金项目计价表**

工程名称：小游园园林工程　　　　　标段：　　　　　　　　第　页　共　页

序号	项目名称	计算基础	计算基数	计算费率（%）	金额（元）
1	规费	1.1+1.2+1.3+1.4+1.5	4 733.12		4 733.12
1.1	社会保险费	（1）+（2）+（3）	4 337.29		4 337.29
（1）	养老保险费、失业保险费、医疗保险费、住房公积金	人工费 × 核定的费率	33 440.93	11.94	3 992.85
（2）	生育保险费	人工费 × 费率	33 440.93	0.42	140.45
（3）	工伤保险费	人工费 × 费率	33 440.93	0.61	203.99
1.2	工程排污费	人工费 × 费率	33 440.93	0.3	100.32
1.3	防洪基础设施建设资金、副食品价格调节基金	税前工程造价	128 563.52	0.105	134.99
1.4	残疾人就业保障金	人工费 × 费率	33 440.93	0.48	160.52
1.5	其他规费	按相关文件规定计取			
2	税金	分部分项工程量清单合计 + 措施项目清单合计 + 其他项目清单合计 + 规费 + 优质优价增加费	128 698.51	11	14 156.84
合计					18 889.96

编制人（造价人员）：

14. 主要材料表（见表 4—15）

表 4—15　　　　　　　　**主要材料表**

工程名称：小游园园林工程　　　　　　　　第　页　共　页

序号	编码	材料名称	规格、型号等特殊要求	单位	数量	预算价	市场价	价差	价差合计
1	C00019	中沙		m^3	11.251	65	65		
2	C00058	水泥	32.5	kg	3 984.9	0.42	0.42		
3	C00762	三厘灰		kg	529.062 5	0.13	0.13		
4	E020056	花岗岩块道牙		m	151.5	97.5	20	−77.5	−11 741.25
5	E040025	沙子		m^3	30.9	60	60		
6	E040079	混凝土砌块砖	200 × 100 × 60	块	2 550	2.13	2.13		

续表

序号	编码	材料名称	规格、型号等特殊要求	单位	数量	预算价	市场价	价差	价差合计
7	E060069	花岗岩板	30 mm	m^2	101	150	150		
8	E150122	石料切割机片		片	10	8	8		
9	E400006	商品混凝土	C15	m^3	23.062 5	375	375		
10	E550003	毛竹尖		根	60	5	5		
11	E550007	农药	综合	kg	17.172	50	50		
12	E550012	肥料	综合	kg	57.786	12	12		
13	E840004	其他材料费		元	881.675	1	1		
14	E840006	水		t	424.325	9	9		
15	补充主材 001	国槐	胸径 D=10 cm	株	15	450	450		
16	补充主材 002@1	银杏	胸径 D=12 cm，土球直径 100 cm	株	10	550	550		
17	补充主材 003	小桃红	冠幅 W=1 m	株	10	50	50		
18	补充主材 004	小叶黄杨模纹	H=30 cm	m^2	100	98	98		
19	补充主材 005	紫叶小檗绿篱	H=80 cm	m	200	36	36		
20	补充主材 007	草坪卷		m^2	100	7	7		

思考与练习

1. 编制园林工程竣工结算的步骤是什么?
2. 编制园林工程竣工结算包括哪些内容?

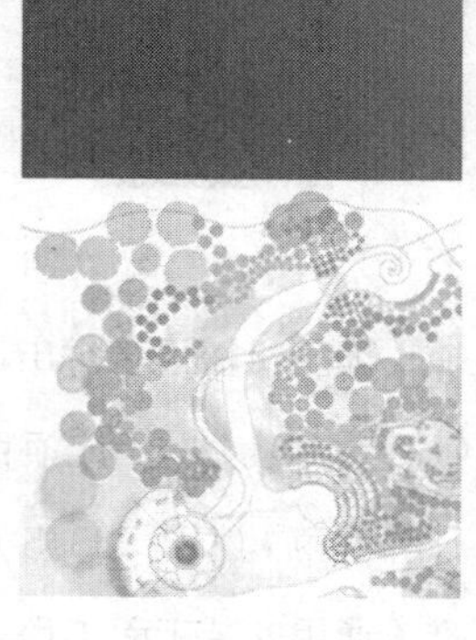

附录（中华人民共和国国家标准 GB 50858-2013）摘要

园林绿化工程工程量计算规范

1 总则

1.0.1 为规范园林绿化工程造价计量行为，统一园林绿化工程工程量计算规则、工程量清单的编制方法，制定本规范。

1.0.2 本规范适用于园林绿化工程发承包及实施阶段计价活动中的工程计量和工程量清单编制。

1.0.3 **园林绿化工程计价，必须按本规范规定的工程量计算规则进行工程计量。**

1.0.4 园林绿化工程计量活动，除应遵守本规范外，尚应符合国家现行有关标准的规定。

2 术语（略）

3 工程计量

3.0.1 工程量计算除依据本规范各项规定外，尚应依据以下文件：

1 经审定通过的施工设计图纸及其说明；

2 经审定通过的施工组织设计或施工方案；

3 经审定通过的其他有关技术经济文件。

3.0.2 工程实施过程中的计量应按照现行国家标准《建设工程工程量清单计价规范》（GB 50500）的相关规定执行。

3.0.3 本规范附录中有两个或两个以上计量单位的，应结合拟建工程项目的实际情况，确定其中一个为计量单位。同一工程项目的计量单位应一致。

3.0.4 工程计量时每一项目汇总的有效位数应遵守下列规定：

1 以“t”为单位，应保留小数点后三位数字，第四位小数四舍五入；

2 以“m”“m^2”“m^3”为单位，应保留小数点后两位数字，第三位小数四舍五入；

3 以“株”“丛”“缸”“套”“个”“支”“只”“块”“根”“座”等为单位，应取整数。

3.0.5 本规范各项目仅列出了主要工作内容，除另有规定和说明外，应视为已经包括完成该项目所列或未列的全部工作内容。

3.0.6 园林绿化工程（另有规定者除外）涉及普通公共建筑物等工程的项目以及垂直运输机

械、大型机械设备进出场及安拆等项目，按现行国家标准《房屋建筑与装饰工程工程量计算规范》（GB 50854）的相应项目执行；涉及仿古建筑工程的项目，按现行国家标准《仿古建筑工程工程量计算规范》（GB 50855）的相应项目执行；涉及电气、给排水等安装工程的项目，按照现行国家标准《通用安装工程工程量计算规范》（GB 50856）的相应项目执行；涉及市政道路、路灯等市政工程的项目，按现行国家标准《市政工程工程量计算规范》（GB 50857）的相应项目执行。

4 工程量清单编制

4.1 一般规定

4.1.1 编制工程量清单应依据：

1 本规范和现行国家标准《建设工程工程量清单计价规范》（GB 50500）；

2 国家或省级、行业建设主管部门颁发的计价依据和办法；

3 建设工程设计文件；

4 与建设工程项目有关的标准、规范、技术资料；

5 拟定的招标文件；

6 施工现场情况、工程特点及常规施工方案；

7 其他相关资料。

4.1.2 其他项目、规费和税金项目清单应按照现行国家标准《建设工程工程量清单计价规范》（GB 50500）的相关规定编制。

4.1.3 编制工程量清单出现附录中未包括的项目，编制人应做补充，并报省级或行业工程造价管理机构备案，省级或行业工程造价管理机构应汇总报住房和城乡建设部标准定额研究所。

补充项目的编码由本规范的代码 05 与 B 和三位阿拉伯数字组成，并应从 05B001 起顺序编制，同一招标工程的项目不得重码。

补充的工程量清单需附有补充项目的名称、项目特征、计量单位、工程量计算规则、工作内容。不能计量的措施项目，需附有补充项目的名称、工作内容及包含范围。

4.2 分部分项工程

4.2.1 **工程量清单应根据附录规定的项目编码、项目名称、项目特征、计量单位和工程量计算规则进行编制。**

4.2.2 **工程量清单的项目编码，应采用十二位阿拉伯数字表示，一至九位应按附录的规定设置，十至十二位应根据拟建工程的工程量清单的项目名称和项目特征设置，同一招标工程的项目编码不得有重码。**

4.2.3 **工程量清单的项目名称应按附录的项目名称结合拟建工程的实际确定。**

4.2.4 **工程量清单的项目特征应按附录中规定的项目特征，结合拟建工程项目的实际予以描述。**

4.2.5 **工程量清单中所列工程量应按附录中规定的工程量计算规则计算。**

4.2.6 **工程量清单的计量单位应按附录中规定的计量单位确定。**

4.2.7 本规范现浇混凝土工程项目在“工作内容”中包括模板工程的内容，同时又在“措施项目”中单列了现浇混凝土模板工程项目。对此，由招标人根据工程实际情况选用，若招标人在措施项目清单中未编列现浇混凝土模板项目清单，即表示现浇混凝土模板项目不单列，现浇混凝土工程项目的综合单价中应包括模板工程费用。

4.2.8 本规范对预制混凝土构件按现场制作编制项目，“工作内容”中包括模板工程，不再另列。若采用成品预制混凝土构件时，构件成品价（包括模板、钢筋、混凝土等所有费用）应计入综合单价中。

4.3 措施项目

4.3.1 **措施项目中列出了项目编码、项目名称、项目特征、计量单位、工程量计算规则的项目，编制工程量清单时，应按照本规范 4.2 分部分项工程的规定执行。**

4.3.2 措施项目中仅列出项目编码、项目名称，未列出项目特征、计量单位和工程量计算规则的项目，编制工程量清单时，应按本规范附录 D 措施项目规定的项目编码、项目名称确定。

5 园林绿化工程量计算规则附录（摘要）

附录 A 绿化工程

A.1 绿地整理

绿地整理工程量清单项目设置、项目特征描述的内容、计量单位、工程量计算规则应按表 A.1 的规定执行。

表 A.1　　绿地整理（编码：050101）

<table>
<tr><th>项目编码</th><th>项目名称</th><th>项目特征</th><th>计量单位</th><th>工程量计算规则</th><th>工作内容</th></tr>
<tr><td>050101001</td><td>砍伐乔木</td><td>树干胸径</td><td rowspan="2">株</td><td rowspan="2">按数量计算</td><td>1. 砍伐
2. 废弃物运输
3. 场地清理</td></tr>
<tr><td>050101002</td><td>挖树根（蔸）</td><td>地径</td><td>1. 挖树根
2. 废弃物运输
3. 场地清理</td></tr>
<tr><td>050101003</td><td>砍挖灌木丛及根</td><td>丛高或蓬径</td><td>1. 株
2. m^2</td><td>1. 以株计量，按数量计算
2. 以平方米计量，按面积计算</td><td rowspan="3">1. 砍挖
2. 废弃物运输
3. 场地清理</td></tr>
<tr><td>050101004</td><td>砍挖竹及根</td><td>根盘直径</td><td>株（丛）</td><td>按数量计算</td></tr>
<tr><td>050101005</td><td>砍挖芦苇（或其他水生植物）及根</td><td>根盘丛径</td><td>m^2</td><td>按面积计算</td></tr>
</table>

续表

<table>
<tr><th>项目编码</th><th>项目名称</th><th>项目特征</th><th>计量单位</th><th>工程量计算规则</th><th>工作内容</th></tr>
<tr><td>050101006</td><td>清除草皮</td><td>草皮种类</td><td rowspan="3">m²</td><td rowspan="2">按面积计算</td><td>1. 除草
2. 废弃物运输
3. 场地清理</td></tr>
<tr><td>050101007</td><td>清除地被植物</td><td>植物种类</td><td>1. 清除植物
2. 废弃物运输
3. 场地清理</td></tr>
<tr><td>050101008</td><td>屋面清理</td><td>1. 屋面做法
2. 屋面高度</td><td>按设计图示尺寸以面积计算</td><td>1. 原屋面清扫
2. 废弃物运输
3. 场地清理</td></tr>
<tr><td>050101009</td><td>种植土回（换）填</td><td>1. 回填土质要求
2. 取土运距
3. 回填厚度
4. 弃土运距</td><td>1. m³
2. 株</td><td>1. 以立方米计量，按设计图示回填面积乘以回填厚度以体积计算
2. 以株计量，按设计图示数量计算</td><td>1. 土方挖、运
2. 回填
3. 找平、找坡
4. 废弃物运输</td></tr>
<tr><td>050101010</td><td>整理绿化用地</td><td>1. 回填土质要求
2. 取土运距
3. 回填厚度
4. 找平找坡要求
5. 弃渣运距</td><td>m²</td><td>按设计图示尺寸以面积计算</td><td>1. 排地表水
2. 土方挖、运
3. 耙细、过筛
4. 回填
5. 找平、找坡
6. 拍实
7. 废弃物运输</td></tr>
<tr><td>050101011</td><td>绿地起坡造型</td><td>1. 回填土质要求
2. 取土运距
3. 起坡平均高度</td><td>m³</td><td>按设计图示尺寸以体积计算</td><td>1. 排地表水
2. 土方挖、运
3. 耙细、过筛
4. 回填
5. 找平、找坡
6. 废弃物运输</td></tr>
<tr><td>050101012</td><td>屋顶花园基底处理</td><td>1. 找平层厚度、砂浆种类、强度等级
2. 防水层种类、做法
3. 排水层厚度、材质
4. 过滤层厚度、材质
5. 回填轻质土厚度、种类
6. 屋面高度
7. 阻根层厚度、材质、做法</td><td>m²</td><td>按设计图示尺寸以面积计算</td><td>1. 抹找平层
2. 防水层铺设
3. 排水层铺设
4. 过滤层铺设
5. 填轻质土壤
6. 阻根层铺设
7. 运输</td></tr>
</table>

注：整理绿化用地项目包含厚度≤300 mm 回填土，厚度＞300 mm 回填土，应按现行国家标准《房屋建筑与装饰工程工程量计算规范》（GB 50854）相应项目编码列项。

A.2　栽植花木

栽植花木工程量清单项目设置、项目特征描述的内容、计量单位、工程量计算规则应按表 A.2 的规定执行。

表 A.2　　栽植花木（编码：050102）

项目编码	项目名称	项目特征	计量单位	工程量计算规则	工作内容
050102001	栽植乔木	1. 种类 2. 胸径或干径 3. 株高、冠径 4. 起挖方式 5. 养护期	株	按设计图示数量计算	1. 起挖 2. 运输 3. 栽植 4. 养护
050102002	栽植灌木	1. 种类 2. 根盘直径 3. 冠丛高 4. 蓬径 5. 起挖方式 6. 养护期	1. 株 2. m^2	1. 以株计量，按设计图示数量计算 2. 以平方米计量，按设计图示尺寸以绿化水平投影面积计算	
050102003	栽植竹类	1. 竹种类 2. 竹胸径或根盘丛径 3. 养护期	株（丛）	按设计图示数量计算	
050102004	栽植棕榈类	1. 种类 2. 株高、地径 3. 养护期	株		
050102005	栽植绿篱	1. 种类 2. 篱高 3. 行数、蓬径 4. 单位面积株数 5. 养护期	1. m 2. m^2	1. 以米计量，按设计图示长度以延长米计算 2. 以平方米计量，按设计图示尺寸以绿化水平投影面积计算	
050102006	栽植攀缘植物	1. 植物种类 2. 地径 3. 单位长度株数 4. 养护期	1. 株 2. m	1. 以株计量，按设计图示数量计算 2. 以米计量，按设计图示种植长度以延长米计算	
050102007	栽植色带	1. 苗木、花卉种类 2. 株高或蓬径 3. 单位面积株数 4. 养护期	m^2	按设计图示尺寸以绿化水平投影面积计算	

续表

项目编码	项目名称	项目特征	计量单位	工程量计算规则	工作内容
050102008	栽植花卉	1. 花卉种类 2. 株高或蓬径 3. 单位面积株数 4. 养护期	1. 株（丛、缸） 2. m^2	1. 以株（丛、缸）计量，按设计图示数量计算 2. 以平方米计量，按设计图示尺寸以水平投影面积计算	1. 起挖 2. 运输 3. 栽植 4. 养护
050102009	栽植 水生植物	1. 植物种类 2. 株高或蓬径或芽数 / 株 3. 单位面积株数 4. 养护期	1. 丛（缸） 2. m^2		
050102010	垂直墙体 绿化种植	1. 植物种类 2. 生长年数或地（干）径 3. 栽植容器材质、规格 4. 栽植基质种类、厚度 5. 养护期	1. m^2 2. m	1. 以平方米计量，按设计图示尺寸以绿化水平投影面积计算 2. 以米计量，按设计图示种植长度以延长米计算	1. 起挖 2. 运输 3. 栽植容器安装 4. 栽植 5. 养护
050102011	花卉立体布置	1. 草本花卉种类 2. 高度或蓬径 3. 单位面积株数 4. 种植形式 5. 养护期	1. 单体（处） 2. m^2	1. 以单体（处）计量，按设计图示数量计算 2. 以平方米计量，按设计图示尺寸以面积计算	1. 起挖 2. 运输 3. 栽植 4. 养护
050102012	铺种草皮	1. 草皮种类 2. 铺种方式 3. 养护期	m^2	按设计图示尺寸以绿化投影面积计算	1. 起挖 2. 运输 3. 铺底沙（土） 4. 栽植 5. 养护
050102013	喷播植草 （灌木）籽	1. 基层材料种类规格 2. 草（灌木）籽种类 3. 养护期			1. 基层处理 2. 坡地细整 3. 喷播 4. 覆盖 5. 养护
050102014	植草砖内植草	1. 草坪种类 2. 养护期			1. 起挖 2. 运输 3. 覆土（沙） 4. 铺设 5. 养护
050102015	挂网	1. 种类 2. 规格	m^2	按设计图示尺寸以挂网投影面积计算	1. 制作 2. 运输 3. 安放

续表

项目编码	项目名称	项目特征	计量单位	工程量计算规则	工作内容
050102016	箱 / 钵栽植	1. 箱 / 钵体材料品种 2. 箱 / 钵外型尺寸 3. 栽植植物种类、规格 4. 土质要求 5. 防护材料种类 6. 养护期	个	按设计图示箱 / 钵数量计算	1. 制作 2. 运输 3. 安放 4. 栽植 5. 养护

注：1. 挖土外运、借土回填、挖（凿）土（石）方应包括在相关项目内。

2. 苗木计算应符合下列规定：

（1）胸径应为地表面向上 1.2 m 高处树干直径。

（2）冠径又称冠幅，应为苗木冠丛垂直投影面的最大直径和最小直径之间的平均值。

（3）蓬径应为灌木、灌丛垂直投影面的直径。

（4）地径应为地表面向上 0.1 m 高处树干直径。

（5）干径应为地表面向上 0.3 m 高处树干直径。

（6）株高应为地表面至树顶端的高度。

（7）冠丛高应为地表面至乔（灌）木顶端的高度。

（8）篱高应为地表面至绿篱顶端的高度。

（9）养护期应为招标文件中要求苗木种植结束后承包人负责养护的时间。

3. 苗木移（假）植应按花木栽植相关项目单独编码列项。

4. 土球包裹材料、树体输液保湿及喷洒生根剂等费用包含在相应项目内 。

5. 墙体绿化浇灌系统按本规范 A.3 绿地喷灌相关项目单独编码列项。

6 . 发包人如有成活率要求时，应在特征描述中加以描述。

A.3 绿地喷灌（略）

附录 B 园路、园桥工程

B.1 园路、园桥工程

园路、园桥工程工程量清单项目设置、项目特征描述的内容、计量单位、工程量计算规则应按表 B.1 的规定执行。

表 B.1 园路、园桥工程（编码：050201）

项目编码	项目名称	项目特征	计量单位	工程量计算规则	工作内容
050201001	园路	1. 路槽土石类别 2. 垫层厚度、宽度、材料种类 3. 路面厚度、宽度、材料种类 4. 砂浆强度等级	m^2	按设计图示尺寸以面积计算，不包括路牙	1. 路基、路槽整理 2. 垫层铺筑 3. 路面铺筑 4. 路面养护
050201002	踏（蹬）道			按设计图示尺寸以水平投影面积计算，不包括路牙	

续表

<table>
<tr><th>项目编码</th><th>项目名称</th><th>项目特征</th><th>计量单位</th><th>工程量计算规则</th><th>工作内容</th></tr>
<tr><td>050201003</td><td>路牙铺设</td><td>1. 垫层厚度、材料种类
2. 路牙材料种类、规格
3. 砂浆强度等级</td><td>m</td><td>按设计图示尺寸以长度计算</td><td>1. 基层清理
2. 垫层铺设
3. 路牙铺设</td></tr>
<tr><td>050201004</td><td>树池围牙、盖板（箅子）</td><td>1. 围牙材料种类、规格
2. 铺设方式
3. 盖板材料种类、规格</td><td>1. m
2. 套</td><td>1. 以米计量，按设计图示尺寸以长度计算
2. 以套计量，按设计图示数量计算</td><td>1. 清理基层
2. 围牙、盖板运输
3. 围牙、盖板铺设</td></tr>
<tr><td>050201005</td><td>嵌草砖（格）铺装</td><td>1. 垫层厚度
2. 铺设方式
3. 嵌草砖（格）品种、规格、颜色
4. 漏空部分填土要求</td><td>m^2</td><td>按设计图示尺寸以面积计算</td><td>1. 原土夯实
2. 垫层铺设
3. 铺砖
4. 填土</td></tr>
<tr><td>050201006</td><td>桥基础</td><td>1. 基础类型
2. 垫层及基础材料、种类、规格
3. 砂浆强度等级</td><td>m^3</td><td>按设计图示尺寸以体积计算</td><td>1. 垫层铺筑
2. 起重架搭、拆
3. 基础砌筑
4. 砌石</td></tr>
<tr><td>050201007</td><td>石桥墩、石桥台</td><td>1. 石料种类、规格
2. 勾缝要求
3. 砂浆强度等级、配合比</td><td rowspan="2">m^3</td><td rowspan="2">按设计图示尺寸以体积计算</td><td rowspan="3">1. 石料加工
2. 起重架搭、拆
3. 墩、台、券石、券脸砌筑
4. 勾缝</td></tr>
<tr><td>050201008</td><td>拱券石</td><td rowspan="3">1. 石料种类、规格
2. 券脸雕刻要求
3. 勾缝要求
4. 砂浆强度等级、配合比</td></tr>
<tr><td>050201009</td><td>石券脸</td><td>m^2</td><td>按设计图示尺寸以面积计算</td></tr>
<tr><td>050201010</td><td>金刚墙砌筑</td><td>m^3</td><td>按设计图示尺寸以体积计算</td><td>1. 石料加工
2. 起重架搭、拆
3. 砌石
4. 填土夯实</td></tr>
<tr><td>050201011</td><td>石桥面铺筑</td><td>1. 石料种类、规格
2. 找平层厚度、材料种类
3. 勾缝要求
4. 混凝土强度等级
5. 砂浆强度等级</td><td rowspan="2">m^2</td><td rowspan="2">按设计图示尺寸以面积计算</td><td>1. 石材加工
2. 抹找平层
3. 起重架搭、拆
4. 桥面、桥面踏步铺设
5. 勾缝</td></tr>
<tr><td>050201012</td><td>石桥面檐板</td><td>1. 石料种类、规格
2. 勾缝要求
3. 砂浆强度等级、配合比</td><td>1. 石材加工
2. 檐板铺设
3. 铁锔、银锭安装
4. 勾缝</td></tr>
</table>

续表

项目编码	项目名称	项目特征	计量单位	工程量计算规则	工作内容
050201013	石汀步（步石、飞石）	1. 石料种类、规格 2. 砂浆强度等级、配合比	m^3	按设计图示尺寸以体积计算	1. 基层整理 2. 石材加工 3. 砂浆调运 4. 砌石
050201014	木制步桥	1. 桥宽度 2. 桥长度 3. 木材种类 4. 各部位截面长度 5. 防护材料种类	m^2	按桥面板设计图示尺寸以面积计算	1. 木桩加工 2. 打木桩基础 3. 木梁、木桥板、木桥栏杆、木扶手制作、安装 4. 连接铁件、螺栓安装 5. 刷防护材料
050201015	栈道	1. 栈道宽度 2. 支架材料种类 3. 面层材料种类 4. 防护材料种类	m^2	按栈道面板设计图示尺寸以面积计算	1. 凿洞 2. 安装支架 3. 铺设面板 4. 刷防护材料

注：1. 园路、园桥工程的挖土方、开凿石方、回填等应按现行国家标准《市政工程工程计算规范》（GB 50857）相关项目编码列项。

2. 如遇某些构配件使用钢筋混凝土或金属构件时，应按现行国家标准《房屋建筑与装饰工程工程量计算规范》（GB 50854）或《市政工程工程量计算规范》（GB 50857）相关项目编码列项。

3. 地伏石、石望柱、石栏杆、石栏板、扶手、撑鼓等应按现行国家标准《仿古建筑工程工程量计算规范》（GB 50855）相关项目编码列项。

4. 亲水（小）码头各分部分项项目按照园桥相应项目编码列项。

5. 台阶项目应按现行国家标准《房屋建筑与装饰工程工程量计算规范》（GB 50854）相关项目编码列项。

6. 混合类构件园桥应按现行国家标准《房屋建筑与装饰工程工程量计算规范》（GB 50854）或《通用安装工程工程量计算规范》（GB 50856）相关项目编码列项。

B.2　驳岸、护岸（略）

附录 C　园林景观工程

C.1　堆塑假山（略）

C.2　原木、竹构件

原木、竹构件工程量清单项目设置、项目特征描述的内容、计量单位、工程量计算规则应按表 C.2 的规定执行。

C.3　亭廊屋面

亭廊屋面工程量清单项目设置、项目特征描述的内容、计量单位、工程量计算规则应按表 C.3 的规定执行。

表 C.2　　原木、竹构件（编码 050302）

<table>
<tr><th>项目编码</th><th>项目名称</th><th>项目特征</th><th>计量单位</th><th>工程量计算规则</th><th>工作内容</th></tr>
<tr><td>050302001</td><td>原木（带树皮）柱、梁、檩、椽</td><td rowspan="3">1. 原木种类
2. 原木直（梢）径（不含树皮厚度）
3. 墙龙骨材料种类、规格
4. 墙底层材料种类、规格
5. 构件联结方式
6. 防护材料种类</td><td>m</td><td>按设计图示尺寸以长度计算（包括榫长）</td><td rowspan="3">1. 构件制作
2. 构件安装
3. 刷防护材料</td></tr>
<tr><td>050302002</td><td>原木（带树皮）墙</td><td rowspan="2">m²</td><td>按设计图示尺寸以面积计算（不包括柱、梁）</td></tr>
<tr><td>050302003</td><td>树枝吊挂楣子</td><td>按设计图示尺寸以框外围面积计算</td></tr>
<tr><td>050302004</td><td>竹柱、梁、檩、椽</td><td>1. 竹种类
2. 竹直（梢）径
3. 连接方式
4. 防护材料种类</td><td>m</td><td>按设计图示尺寸以长度计算</td><td rowspan="3">1. 构件制作
2. 构件安装
3. 刷防护材料</td></tr>
<tr><td>050302005</td><td>竹编墙</td><td>1. 竹种类
2. 墙龙骨材料种类、规格
3. 墙底层材料种类、规格
4. 防护材料种类</td><td rowspan="2">m²</td><td>按设计图示尺寸以面积计算（不包括柱、梁）</td></tr>
<tr><td>050302006</td><td>竹吊挂楣子</td><td>1. 竹种类
2. 竹梢径
3. 防护材料种类</td><td>按设计图示尺寸以框外围面积计算</td></tr>
</table>

注：1. 木构件连接方式应包括：开榫连接、铁件连接、扒钉连接、铁钉连接。
2. 竹构件连接方式应包括：竹钉固定、竹篾绑扎、铁丝连接。

表 C.3　　亭廊屋面（编码：050303）

<table>
<tr><th>项目编码</th><th>项目名称</th><th>项目特征</th><th>计量单位</th><th>工程量计算规则</th><th>工作内容</th></tr>
<tr><td>050303001</td><td>草屋面</td><td rowspan="3">1. 屋面坡度
2. 铺草种类
3. 竹材种类
4. 防护材料种类</td><td rowspan="3">m²</td><td>按设计图示尺寸以斜面计算</td><td rowspan="3">1. 整理、选料
2. 屋面铺设
3. 刷防护材料</td></tr>
<tr><td>050303002</td><td>竹屋面</td><td>按设计图示尺寸以实铺面积计算（不包括柱、梁）</td></tr>
<tr><td>050303003</td><td>树皮屋面</td><td>按设计图示尺寸以屋面结构外围面积计算</td></tr>
</table>

续表

项目编码	项目名称	项目特征	计量单位	工程量计算规则	工作内容
050303004	油毡瓦屋面	1. 冷底子油品种 2. 冷底子油涂刷遍数 3. 油毡瓦颜色规格	m^2	按设计图示尺寸以斜面计算	1. 清理基层 2. 材料裁接 3. 刷油 4. 铺设
050303005	预制混凝土穹顶	1. 穹顶弧长、直径 2. 肋截面尺寸 3. 板厚 4. 混凝土强度等级 5. 拉杆材质、规格	m^3	按设计图示尺寸以体积计算。混凝土脊和穹顶的肋、基梁并入屋面体积	1. 模板制作、运输、安装、拆除、保养 2. 混凝土制作、运输、浇筑、振捣、养护 3. 构件运输、安装 4. 砂浆制作、运输 5. 接头灌缝、养护
050303006	彩色压型钢板（夹芯板）攒尖亭屋面板	1. 屋面坡度 2. 穹顶弧长、直径 3. 彩色压型钢（夹芯）板品种、规格 4. 拉杆材质、规格 5. 防护材料种类	m^2	按设计图示尺寸以实铺面积计算	1. 压型板安装 2. 护角、包角、泛水安装 3. 嵌缝 4. 刷防护材料
050303007	彩色压型钢板（夹芯板）穹顶				
050303008	玻璃屋面	1. 屋面坡度 2. 龙骨材质、规格 3. 玻璃材质、规格 4. 防护材料种类			1. 制作 2. 运输 3. 安装
050303009	木（防腐木）屋面	1. 木（防腐木）种类 2. 防护层处理			1. 制作 2. 运输 3. 安装

注：1. 柱顶石（磉蹬石）、钢筋混凝土屋面板、钢筋混凝土亭屋面板、木柱、木屋架、钢柱、钢屋架、屋面木基层和防水层等，应按现行国家标准《房屋建筑与装饰工程工程量计算规范》（GB 50854）中相关项目编码列项。

2. 膜结构的亭、廊，应按现行国家标准《仿古建筑工程工程量计算规范》（GB 50855）及《房屋建筑与装饰工程工程量计算规范》（GB 50854）中相关项目编码列项。

3. 竹构件连接方式应包括：竹钉固定、竹篾绑扎、铁丝连接。

C.4　花架

花架工程量清单项目设置、项目特征描述的内容、计量单位、工程量计算规则应按表 C.4 的规定执行。

表 C.4 花架（编码：050304）

项目编码	项目名称	项目特征	计量单位	工程量计算规则	工作内容
050304001	现浇混凝土花架柱、梁	1. 柱截面、高度、根数 2. 盖梁截面、高度、根数 3. 连系梁截面、高度、根数 4. 混凝土强度等级	m^3	按设计图示尺寸以体积计算	1. 模板制作、运输、安装、拆除、保养 2. 混凝土制作、运输、浇筑、振捣、养护
050304002	预制混凝土花架柱、梁	1. 柱截面、高度、根数 2. 盖梁截面、高度、根数 3. 连系梁截面、高度、根数 4. 混凝土强度等级 5. 砂浆配合比			1. 模板制作、运输、安装、拆除、保养 2. 混凝土制作、运输、浇筑、振捣、养护 3. 构件运输、安装 4. 砂浆制作、运输 5. 接头灌缝、养护
050304003	金属花架柱、梁	1. 钢材品种、规格 2. 柱、梁截面 3. 油漆品种、刷漆遍数	t	按设计图示尺寸以质量计算	1. 制作、运输 2. 安装 3. 油漆
050304004	木花架柱、梁	1. 木材种类 2. 柱、梁截面 3. 连接方式 4. 防护材料种类	m^3	按设计图示截面乘以长度（包括榫长）以体积计算	1. 构件制作、运输、安装 2. 刷防护材料、油漆
050304005	竹花架柱、梁	1. 竹种类 2. 竹胸径 3. 油漆品种、刷漆遍数	1. m 2. 根	1. 以长度计量，按设计图示花架构件尺寸以延长米计算 2. 以根计量，按设计图示花架柱、梁数量计算	1. 制作 2. 运输 3. 安装 4. 油漆

注：花架基础、玻璃天棚、表面装饰及涂料项目应按现行国家标准《房屋建筑与装饰工程工程量计算规范》（GB 50854）中相关项目编码列项。

C.5 园林桌椅（略）

C.6 喷泉安装（略）

C.7 杂项（略）

C.8 相关问题说明（略）

附录D 措施项目

D.1 脚手架工程

脚手架工程工程量清单项目设置、项目特征描述的内容、计量单位、工程量计算规则应按表D.1 的规定执行。

表D.1 脚手架工程（编码：050401）

<table>
<tr><th>项目编码</th><th>项目名称</th><th>项目特征</th><th>计量单位</th><th>工程量计算规则</th><th>工作内容</th></tr>
<tr><td>050401001</td><td>砌筑脚手架</td><td>1. 搭设方式
2. 墙体高度</td><td rowspan="2">m^2</td><td>按墙的长度乘墙的高度以面积计算（硬山建筑山墙高算至山尖）。独立砖石柱高度在 3.6 m 以内时，以柱结构周长乘以柱高计算，独立砖石柱高度在 3.6 m 以上时，以柱结构周长加 3.6 m 乘以柱高计算
凡砌筑高度在 1.5 m 及以上的砌体，应计算脚手架</td><td rowspan="7">1. 场内、场外材料搬运
2. 搭、拆脚手架、斜道、上料平口
3. 铺设安全网
4. 拆除脚手架后材料分类堆放</td></tr>
<tr><td>050401002</td><td>抹灰脚手架</td><td>1. 搭设方式
2. 墙体高度</td><td>按抹灰墙面的长度乘以高度以面积计算（硬山建筑山墙高算至山尖）。独立砖石柱高度在 3.6 m 以内时，以柱结构周长乘以柱高计算，独立砖石柱高度在 3.6 m 以上时，以柱结构周长加 3.6 m 乘以柱高计算</td></tr>
<tr><td>050401003</td><td>亭脚手架</td><td>1. 搭设方式
2. 檐口高度</td><td>1. 座
2. m^2</td><td>1. 以座计量，按设计图示数量计算
2. 以平方米计量，按建筑面积计算</td></tr>
<tr><td>050401004</td><td>满堂脚手架</td><td>1. 搭设方式
2. 施工面高度</td><td rowspan="3">m^2</td><td>按搭设的地面主墙间尺寸以面积计算</td></tr>
<tr><td>050401005</td><td>堆砌（塑）假山脚手架</td><td>1. 搭设方式
2. 假山高度</td><td>按外围水平投影最大矩形面积计算</td></tr>
<tr><td>050401006</td><td>桥身脚手架</td><td>1. 搭设方式
2. 桥身高度</td><td>按桥基础底面至桥面平均高度乘以河道两侧宽度以面积计算</td></tr>
<tr><td>050401007</td><td>斜道</td><td>斜道高度</td><td>座</td><td>按搭设数量计算</td></tr>
</table>

D.2 模板工程

模板工程工程量清单项目设置、项目特征描述的内容、计量单位、工程量计算规则应按表 D.2 的规定执行。

表 D.2　　模板工程（编码：050402）

项目编码	项目名称	项目特征	计量单位	工程量计算规则	工作内容
050402001	现浇混凝土垫层	厚度	m^2	按混凝土与模板的接触面积计算	1. 制作 2. 安装 3. 拆除 4. 清理 5. 刷隔离剂 6. 材料运输
050402002	现浇混凝土路面				
050402003	现浇混凝土路牙、树池围牙	高度			
050402004	现浇混凝土花架柱	断面尺寸			
050402005	现浇混凝土花架梁	1. 断面尺寸 2. 梁底高度			
050402006	现浇混凝土花池	池壁断面尺寸			
050402007	现浇混凝土桌凳	1. 桌凳形状 2. 基础尺寸、埋设、深度 3. 桌面尺寸、支墩、高度 4. 凳面尺寸、支墩、高度	1. m^3 2. 个	1. 以立方米计量，按设计图示混凝土体积计算 2. 以个计量，按设计图示数量计算	
050402008	石桥拱券石、石券脸	1. 胎架面高度 2. 矢高、弦长	m^2	按拱券石、石券脸弧形底面展开尺寸以面积计算	

D.3　树木支撑架、草绳绕树干、搭设遮阴（防寒）棚工程（略）

D.4　围堰、排水工程（略）

D.5　安全文明施工及其他措施项目（略）